河南省科技著作出版项目

禽病诊治原色图谱

陈鹏举　尹仁福　张宜娜　王慧杰　主编

河南科学技术出版社
·郑州·

图书在版编目（CIP）数据

禽病诊治原色图谱 / 陈鹏举等主编. —郑州：河南科学技术出版社，2017.6（2019.9重印）

ISBN 978-7-5349-8677-2

Ⅰ.①禽… Ⅱ.①陈… Ⅲ.①禽病—诊疗—图谱 Ⅳ.①S858.3-64

中国版本图书馆CIP数据核字（2017）第062530号

出版发行：河南科学技术出版社
　　　　　地　址：郑州市郑东新区祥盛街27号　　邮编：450016
　　　　　电　话：（0371）65737028　65788613
　　　　　网　址：www.hnstp.cn

责任编辑：申卫娟

责任校对：王晓红

封面设计：张　伟

版式设计：赵玉霞

责任印制：张　巍

印　　刷：洛阳和众印刷有限公司

经　　销：全国新华书店

幅面尺寸：787 mm×1 092 mm　1/16　　印张：23.25　　字数：550千字

版　　次：2017年6月第1版　2019年9月第2次印刷

定　　价：286.00元

如发现印、装质量问题，影响阅读，请与出版社联系并调换。

本书编写人员名单

主　编　陈鹏举　尹仁福　张宜娜　王慧杰
副主编　李海利　赵作帅　李灵平　贺桂芬
编　者　蔺　萍　郜许普　任　雷　李灵娟
　　　　　牛　瑜　范永方　解金辉　吕凤霞
主　审　丁　壮

序

《禽病诊治原色图谱》一书，从概述、流行特点、临床症状、鉴别诊断、病理变化及防治措施等方面对鸡、鸭、鹅等家禽常见病毒性疾病、细菌性疾病、寄生虫病及普通病等分别进行了系统性的阐述，并且配有清晰的临床与病理照片，还增加了最新流行的腺病毒感染及以"大舌病"为特征的鸭细小病毒病等病症的典型照片，尤其增加抗微生物药适应证、用法与用量以及实用的中兽医治疗方剂，帮助更多的养禽工作者从疫病诊治的桎梏中突围。

陈鹏举博士出于兽医工作者的责任，以服务我国家禽业健康发展为己任，在其团队没有经费支持的情况下，克服种种困难，对家禽常见病进行实地调研、拍照、整理并核对内容，并以彩色图片印刷出版。此书全面系统、图文并茂、内容丰富、涵盖面广，是一本具有学术性和实践性的著作，有很强的理论性、实用性和针对性，对危害我国养禽生产的常发病、多见病及最新流行的禽腺病毒感染及以"大舌病"为特征的鸭细小病毒病等病，提出行之有效的防治对策、方法。此书还是一部具有较高水平、较好应用价值的工具书，为养禽企业与养禽从业人员提供了可以借鉴的案例与思路。

《禽病诊治原色图谱》有助于养殖者掌握基本禽病诊断技术和用药原则，有助于广大禽病防治工作者开展临床诊断和防治工作。目前有关禽病诊治的著作众多，但是关于家禽最新疾病综合诊治图谱，尚无他著。《禽病诊治原色图谱》的出版将有助于提高国人的养禽水平，有助于养禽业健康持续发展。

仅作此序以记之。

2017 年 5 月

前言

我国目前养禽规模不断壮大、养殖数量持续增加，但受配套设施体系不完善和养殖环境恶化等因素的制约，致使疾病频繁发生，病症更为复杂，给临床诊断和科学防控带来困难，并制约我国养禽业的健康发展。为此，编者在总结教学、科研和临床实践的基础上，查阅大量国内外文献资料及书刊，编写了《禽病诊治原色图谱》。

本书涉及常见病90余种，从概述、流行病学、临床症状、病理变化及防治等方面论述，配有临床症状和病理变化图片900多张，利于读者在实践中及时做出正确诊断；本书治疗方案增加疗效确切的中药制剂，详细介绍常用抗微生物药的适应证、用法与用量等，为中西医治疗提供依据。

本书文字简明扼要，通俗易懂，既可供兽医、养禽人员、大专院校学生使用，也可对有关教学、科研及管理人员提供参考之用。

在编写过程中参阅并引用书籍、文献资料等的相关内容，对相关作者致以衷心的感谢。编写过程中得到吉林大学、浙江大学、河南农业大学、河南省畜牧局、河南省农科院、河南牧业经济学院和国内外兽药企业、添加剂企业及中药提取企业等多家单位的帮助和支持，在此表示感谢。

由于编者精力和水平有限，书中不妥之处，恳请广大同行、专家及读者批评指正，以便再版时改正。

编者
2017年1月

目录

第一章　病毒性疾病

第一节　鸡禽流感 ………………………………………………………………… 2
第二节　水禽禽流感 ……………………………………………………………… 13
第三节　新城疫 …………………………………………………………………… 30
第四节　鸭鹅副黏病毒病 ………………………………………………………… 39
第五节　传染性法氏囊病 ………………………………………………………… 43
第六节　传染性喉气管炎 ………………………………………………………… 49
第七节　传染性支气管炎 ………………………………………………………… 54
第八节　禽痘 ……………………………………………………………………… 64
第九节　传染性腺胃炎 …………………………………………………………… 70
第十节　产蛋下降综合征 ………………………………………………………… 73
第十一节　鸡包涵体肝炎 ………………………………………………………… 76
第十二节　禽心包积液-肝炎综合征 …………………………………………… 78
第十三节　马立克病 ……………………………………………………………… 83
第十四节　鸡病毒性关节炎 ……………………………………………………… 89
第十五节　禽脑脊髓炎 …………………………………………………………… 91
第十六节　禽白血病 ……………………………………………………………… 94
第十七节　传染性贫血病 ………………………………………………………… 101
第十八节　鸭瘟 …………………………………………………………………… 104
第十九节　鸭病毒性肝炎 ………………………………………………………… 111
第二十节　番鸭细小病毒病 ……………………………………………………… 118
第二十一节　雏番鸭呼肠孤病毒性坏死性肝炎 ………………………………… 123
第二十二节　鹅的小鹅瘟 ………………………………………………………… 126
第二十三节　雏番鸭的小鹅瘟 …………………………………………………… 131
第二十四节　鸭疱疹病毒性出血症 ……………………………………………… 134
第二十五节　鸭病毒性肿头出血症 ……………………………………………… 137
第二十六节　鸭疱疹病毒性坏死性肝炎 ………………………………………… 140

第二章　细菌性疾病

- 第一节　禽大肠杆菌病 ……………………………………………………… 144
- 第二节　鸡白痢 ……………………………………………………………… 159
- 第三节　禽伤寒 ……………………………………………………………… 167
- 第四节　禽副伤寒 …………………………………………………………… 172
- 第五节　禽霍乱 ……………………………………………………………… 177
- 第六节　禽曲霉菌病 ………………………………………………………… 187
- 第七节　鸡传染性鼻炎 ……………………………………………………… 200
- 第八节　葡萄球菌病 ………………………………………………………… 205
- 第九节　禽支原体病 ………………………………………………………… 214
- 第十节　鸡弧菌性肝炎 ……………………………………………………… 223
- 第十一节　坏死性肠炎 ……………………………………………………… 228
- 第十二节　鸡溃疡性肠炎 …………………………………………………… 235
- 第十三节　链球菌病 ………………………………………………………… 237
- 第十四节　念珠菌病 ………………………………………………………… 239
- 第十五节　鸭传染性浆膜炎 ………………………………………………… 241

第三章　寄生虫病

- 第一节　鸡球虫病 …………………………………………………………… 248
- 第二节　鸭球虫病 …………………………………………………………… 255
- 第三节　鹅球虫病 …………………………………………………………… 257
- 第四节　绦虫病 ……………………………………………………………… 259
- 第五节　鸡住白细胞原虫病 ………………………………………………… 263
- 第六节　鸡蛔虫病 …………………………………………………………… 267
- 第七节　组织滴虫病 ………………………………………………………… 270
- 第八节　吸虫病 ……………………………………………………………… 273
- 第九节　鸭鹅隐孢子虫病 …………………………………………………… 276

第四章　普通病

第一节　维生素缺乏症…………………………………………………………278
第二节　矿物质缺乏症…………………………………………………………284
第三节　中毒病…………………………………………………………………286
第四节　痛风……………………………………………………………………289
第五节　腹水综合征……………………………………………………………299
第六节　脂肪肝综合征…………………………………………………………304
第七节　肠毒综合征……………………………………………………………306
第八节　中暑……………………………………………………………………309
第九节　啄癖……………………………………………………………………314
第十节　产蛋异常综合征………………………………………………………316
第十一节　新母鸡病……………………………………………………………319
第十二节　蛋鸡笼养疲劳综合征………………………………………………321
第十三节　顽固性腹泻…………………………………………………………322
第十四节　肉鸡低血糖症………………………………………………………326
第十五节　肉鸡（或蛋雏鸡）生长迟缓综合征………………………………328
第十六节　鸡肿头综合征………………………………………………………330
第十七节　多病因呼吸道病……………………………………………………332
第十八节　鸡肌胃糜烂病………………………………………………………335
第十九节　阴茎脱垂……………………………………………………………337
第二十节　皮下气肿……………………………………………………………339
第二十一节　鸭大肝病…………………………………………………………341
第二十二节　鸭光过敏症………………………………………………………342

第五章　抗微生物药

第一节　抗生素…………………………………………………………………346
第二节　合成抗菌药……………………………………………………………356

第一章

病毒性疾病

第一节　鸡禽流感

一、概述

禽流感是由A型禽流感病毒引起多种家禽及野生禽类发病的一种高度接触性传染病，又名欧洲鸡瘟或真性鸡瘟，被世界动物卫生组织（OIE）定为A类传染病，我国列为一类传染病，是目前严重危害养禽业的一种传染病。

根据禽流感致病性的不同，可以将禽流感分为高致病性禽流感和低致病性禽流感。H_5亚型为高致病性禽流感，发病率和死亡率高，危害巨大；H_9亚型为低致病性禽流感，发病率、死亡率相对低。

二、流行病学

本病潜伏期从数小时到数天不等，最长可达21d。潜伏期的长短受多种因素的影响，如病毒的毒力、感染的数量、机体的抵抗力、日龄大小和品种、饲养管理情况、营养状况、环境卫生、并发症及有无应急条件等。

传染源：病禽、带毒禽和候鸟是主要传染源。

传播途径：以呼吸道和消化道感染为主。通过病禽分泌物和病毒污染的饲料、饮水及其他动物等引起感染，鸭鹅等野生水禽在本病传播中起重要作用，人员和往来车辆、候鸟的迁徙等可能起一定的作用。

易感动物：不同品种及各种日龄的鸡均易感染。

流行特点：本病四季均可发生，具有流行范围广、传播速度快、发病迅速的特点，尤其以冬季和春季发病较为严重。目前低致病性禽流感呈流行趋势，临床中常与大肠杆菌病、慢性呼吸道病、新城疫等病混合感染，致使死亡率较高。

三、临床症状

1. 高致病性禽流感（H_5亚型）

多数病例病程为1~3d，伴随大批死亡，死亡率高达100%。

发病前1~3d，整群精神、采食量、蛋禽产蛋率无明显变化，接着体温升高，精神萎靡或沉郁，昏睡，采食量明显减少，甚至食欲废绝；蛋鸡产蛋率大幅度下降或停产；死亡率急剧上升。

鸡冠和肉髯瘀血、肿胀，头颈部水肿，拉黄绿色或黄白色粪便。

鼻窦肿胀，鼻腔分泌物增多，流鼻液，流泪，眼结膜充血。

跗关节及胫部鳞片下出血，出现运动失调、震颤、扭颈等神经症状。

2. 低致病性禽流感（H_9亚型）

高产蛋鸡多发，具有发病慢、传播快、死亡率低的特征。

大群鸡精神状态和食欲基本正常，拉灰色或黄绿色稀粪，少数打呼噜、咳嗽等。

鸡冠和肉髯瘀血、肿胀，呈暗红色，胫部鳞片下出血。

蛋鸡产蛋率缓慢下降，有的绝产，产蛋率下降到最低点时，在最低点停留7~10d，然后开始缓慢上升，一般产蛋率恢复需要15~30d，蛋壳颜色发白，软壳蛋、砂壳蛋、薄壳蛋、无壳蛋等相对增多。

四、病理变化

高致病性禽流感（H_5亚型）和低致病性禽流感（H_9亚型）病理变化差异不显著。

鸡冠发紫，脚鳞片出血，头面部肿胀，肌肉或其他组织器官广泛性严重出血，并伴随呼吸道和肠道感染。

头颈部皮下有胶冻样浸润或黄色干酪样物。

眼结膜充血、出血，眶下窦内有干酪样物。

喉头及气管充血、出血，内有大量黏性分泌物，严重时气管分叉处被黄色干酪样物阻塞，气囊壁增厚、混浊。

腹部脂肪、心冠脂肪、肠系膜脂肪、胃部脂肪、龙骨下脂肪及腿肌内侧三角区脂肪等点状出血。

内脏浆膜面及黏膜出血，胰脏散在黄白色坏死斑点或出血点或边缘出血、变性。

胸腺出血、萎缩；脾脏有大小如针尖的坏死灶；肾脏肿大或呈花斑肾；肝脏肿大、出血，质脆呈土黄色。

食管出血，腺胃肿胀，腺胃乳头出血，内有脓性分泌物，肌胃角质层溃烂；十二指肠及小肠黏膜呈环状或条状出血，盲肠扁桃体肿胀、出血、溃疡，泄殖腔出血。

法氏囊出血，浆膜水肿。

胸骨滑液囊组织呈黄色胶冻样，腹膜有奶油状乳白色炎性渗出物附着。

蛋鸡输卵管水肿或萎缩，内有白色脓性分泌物或干酪样物，卵泡充血、出血呈紫黑色，卵泡破裂掉到腹腔后形成卵黄性腹膜炎。

低致病性禽流感因病程相对较长，常与大肠杆菌病混合感染，形成心包炎、肝周炎、气囊炎。

五、防治

1. 免疫

（1）疫苗免疫是控制或降低本病发生的关键措施，建立完善的免疫体系并确保接种质量是重中之重。

（2）做好常规疫苗免疫如新城疫、传染性喉气管炎、马立克病等的免疫，确保鸡群保持较高的新城疫 HI 抗体滴度，平时加强饲养管理，坚持定期消毒和临时消毒相结合的原则，疾病高发期，饲料中添加维生素 C、多种维生素预混剂和清热解毒的中药制剂等。

2. 治疗方案

（1）高致病性禽流感尚无有效治疗药物，一旦发病，要立即向主管部门报告疫情，封锁鸡场，销毁病鸡和可疑病鸡，对养殖场进行彻底消毒，对污水、粪便等进行无害化处理，对疫区、受威胁区的所有禽类进行紧急免疫接种。

（2）根据低致病性禽流感的发病特点，可采用中西结合的方法试治（仅供参考）。

1）抗微生物药饮水或拌料，控制细菌的继发感染，饲料或饮水中添加维生素 C 和安乃近或对乙酰氨基酚或卡巴匹林钙或 APC（复方阿司匹林）及配合干扰素、白介素等细胞因子辅助治疗，提高舍温 2～3℃，饲料中蛋白质含量降低 2%～3%，消除各种应激因素及做好消毒等。

2）中药制剂辅助治疗。

【处方1】荆防败毒散

荆芥45g，防风30g，羌活25g，独活25g，柴胡30g，前胡25g，枳壳30g，茯苓45g，桔梗30g，川芎25g，甘草15g，薄荷15g。

【用法与用量】鸡1～3g/只。

【处方2】银翘散

金银花60g，连翘45g，薄荷30g，荆芥30g，淡豆豉30g，牛蒡子45g，桔梗45g，淡竹叶20g，甘草15g。

【用法与用量】禽1～3g/只（若呼吸不畅伴有发热配合麻杏石甘散效果更佳）。

【处方3】清瘟败毒散

石膏120g，地黄30g，水牛角60g，黄连20g，栀子30g，牡丹皮20g，黄芩25g，赤芍25g，玄参25g，知母30g，连翘30g，桔梗25g，甘草15g，淡竹叶25g。

【用法与用量】禽1～3g/只。

【处方4】普济消毒散

大黄30g，黄芩25g，黄连20g，甘草15g，马勃20g，薄荷25g，玄参25g，牛蒡子45g，升麻25g，柴胡25g，桔梗25g，陈皮20g，连翘30g，荆芥25g，板蓝根30g，青黛25g，滑石80g。

【用法与用量】禽1～3g/只。

【处方5】板青颗粒

板蓝根600g，大青叶900g。

【用法与用量】鸡0.5g/只（每100g相当于原生药材100g）。

【处方6】金叶清瘟散

金银花320g，大青叶320g，板蓝根240g，蒲公英160g，紫花地丁160g，柴胡240g，鹅不食草128g，连翘160g，甘草160g，天花粉120g，白芷120g，防风80g，赤芍48g，浙贝母112g，乳香16g，没药16g。

【用法与用量】混饲，禽5~10g/kg饲料。

【处方7】忍冬黄连散

忍冬藤500g，黄芩250g，连翘250g。

【用法与用量】内服，鸡0.5~1.0g/kg体重，每天2次。

【处方8】瘟毒克散

穿心莲363g，板蓝根163g，鱼腥草120g，连翘100g，石菖蒲40g，广藿香40g，蟾酥9g，冰片60g，芦根65g，石膏40g。

【用法与用量】禽0.5g/只。

【处方9】双黄连散

金银花375g，黄芪375g，连翘750g。

【用法与用量】鸡0.75~1.5g/只。

【处方10】茵陈金花散

茵陈70g，金银花50g，黄芩60g，黄柏40g，柴胡40g，龙胆草60g，防风60g，荆芥60g，甘草40g，板蓝根120g。

【用法与用量】一次量，0.5g/kg体重，每天2次，连用3d。

【处方11】二黄穿虎散

穿心莲30g，黄芩30g，黄连10g，虎杖20g，马缨丹20g，白花蛇舌草20g，酒饼叶20g，墨旱莲20g，郁金10g，雄黄10g，冰片4g，甘草10g。

【用法与用量】一次量，禽0.4~0.8g/kg体重，每天2~3次。

【处方12】柴胡10g，陈皮10g，金银花10g。

【用法与用量】煎水灌服，每5~8只一次用量。

【处方13】金丝桃素。

【用法与用量】50~70mg/只。

3）个别严重鸡采用肌内注射治疗。

聚肌胞或干扰素1~2mg/只，也可用高免血清或高免蛋黄1~2mL/只，板蓝根注射液1~2mL/只，阿米卡星注射液4万~6万IU/kg体重或头孢喹诺2.6mg/kg体重，肌内注射。

鸡的禽流感病图

面部肿胀发绀,眼睑黏合

鸡冠发紫及面部肿胀

鸡冠呈蓝紫色

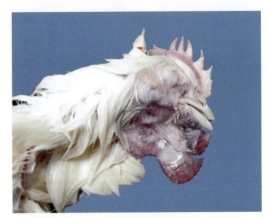

肉髯水肿、发绀

下颌肿胀、变硬

眼结膜潮红、出血

第一章 病毒性疾病

皮下可见出血点

爪部肿胀出血，鳞片下出血

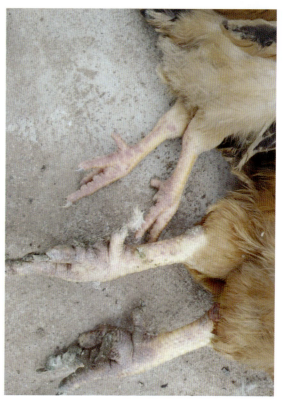

鳞片下出血

拉带有黏液的黄绿色粪便

软壳蛋、薄壳蛋、砂壳蛋等增多

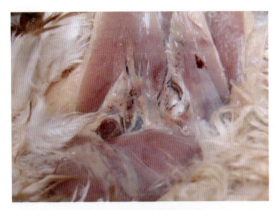
腿部肌肉及三角肌脂肪出血

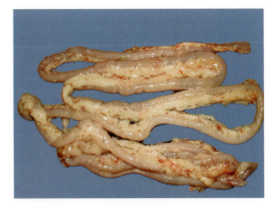
肠系膜脂肪点状出血

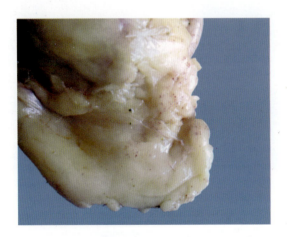
腹部脂肪点状出血

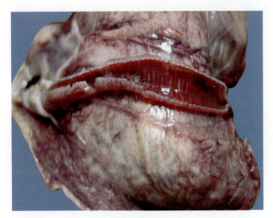
气管严重出血

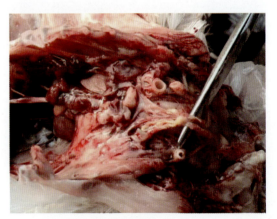
支气管堵塞

第一章 病毒性疾病

食管点状出血

腺胃乳头水肿、出血，肌胃角质层溃烂

腺胃乳头出血，腺体开口处出血

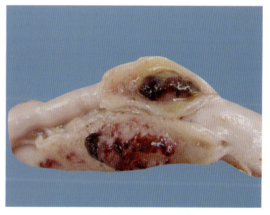

盲肠扁桃体出血或溃疡

胰脏边缘线状出血

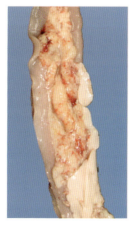

胰脏点状出血

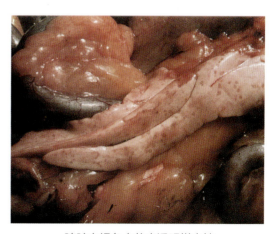

胰脏有褐色点状半透明样变性

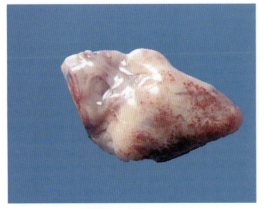
心外膜有出血点、出血斑

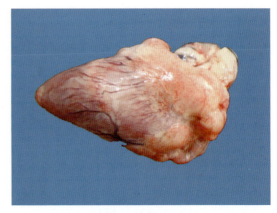
心肌及心冠脂肪出血

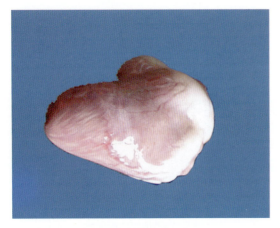
心肌呈条纹状变性、坏死

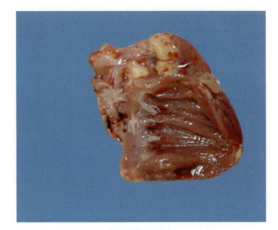
心内膜出血

胸腺出血

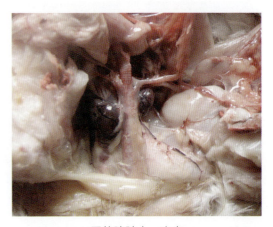
甲状腺肿大、出血

第一章 病毒性疾病

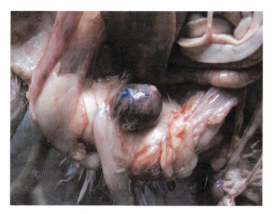

法氏囊出血呈紫色，浆膜水肿

脾脏有灰白色的坏死灶

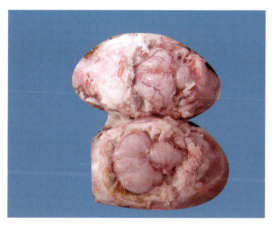

大脑和小脑脑膜下有细小的出血点

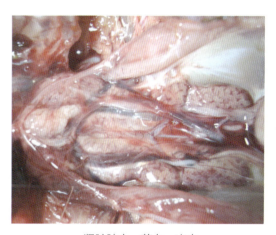

肾脏肿大、苍白、出血

胸肌瘀血，胸骨滑液囊组织呈黄色胶冻样浸润

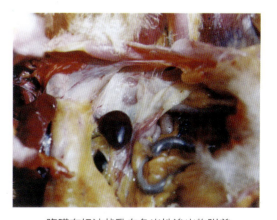

腹膜有奶油状乳白色炎性渗出物附着

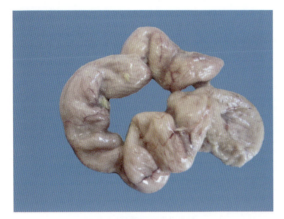

输卵管水肿

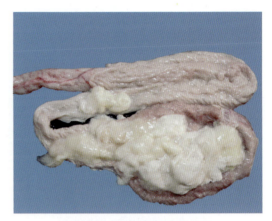

输卵管内有黄白色脓性分泌物

卵泡充血、出血、液化，掉入腹腔后最终形成卵黄性腹膜炎

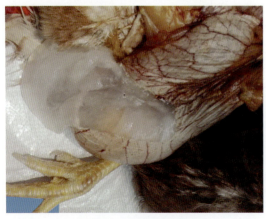

输卵管内有白色胶冻样物

输卵管系膜水肿

第二节 水禽禽流感

一、概述

水禽禽流感是由 A 型禽流感病毒引起的一种高度接触性传染病。水禽以精神沉郁，眼结膜潮红，肿头流泪，两脚发软，呼吸困难，产蛋率下降及出现神经症状为特征；病理变化为实质器官和消化道黏膜广泛性充血、出血。本书主要介绍鸭鹅的禽流感。

二、流行病学

传染源：三鸟批发市场的禽是最大的传染源，其次是病禽或带毒候鸟（野鸟）及隐性感染禽。

传播途径：经呼吸道、消化道、皮肤黏膜损伤和眼结膜等途径传播感染，也可通过被病毒污染的用具、服装、饮水、饲料、环境等感染。

易感动物：各种日龄的水禽均可感染，日龄越小发病率、死亡率越高，番鸭最易感，其次是麻鸭、北京鸭。

流行特点：本病四季均可发生，以冬季和春季较为严重，夏秋季节零星发病，气候突变、冷刺激、饲料中营养物质缺乏和其他高应激性刺激均能促进本病的发生。本病常与大肠杆菌病、传染性浆膜炎等混合感染，致使病情加重，造成死亡率增加。

三、临床症状

本病因品种、性别、日龄、感染的数量、禽体的抵抗力、饲养管理情况、营养状况、环境卫生、并发症、应急条件及病毒毒力不同，症状各异，轻重不一，成年水禽一般死亡不多，幼龄水禽死亡率比较高。

体温升高，精神沉郁，呆板，反应迟钝，严重时嗜睡。

缩颈，羽毛松乱，双翅下垂，采食量明显减少，甚至食欲废绝。

头颈部肿胀，皮下水肿。

流泪，眼角膜混浊，眼结膜潮红、充血、出血，呈蓝色等。

鼻窦肿胀，鼻腔分泌物增多，流鼻液，呼吸困难，张口呼吸，咳嗽，死前喙呈紫色，多数病禽死前口、鼻孔流出暗红色带血液体。

严重下痢，拉白色或淡黄色或黄绿色稀粪，肛门附近羽毛被粪便粘连。

鳞片下出血，两脚发软，站立不稳，扭颈，震颤，转圈等。

产蛋率下降，软壳蛋、破蛋、小蛋增多，以软壳蛋增多为主，蛋壳粗糙，甚至绝产，种蛋合格率偏低。

高致病性禽流感前期症状不明显，发病后急剧死亡，死亡率高达100%。

四、病理变化

全身皮肤充血、出血，尤以喙、头颈部及胸部皮肤、腹部皮下出血更明显，蹼充血、出血。

头部及下颌部皮下有胶冻样水肿，呈淡黄色或淡绿色脂肪胶样浸润，严重时出血。

鼻黏膜充血、出血和水肿，鼻黏液增多，鼻腔充满血样黏性分泌物。

喉头及气管黏膜出血，分泌物增多；肺充血、出血、水肿呈暗红色，切面流出多量泡沫状液体等。

食管与腺胃、腺胃与肌胃交界处有出血点或出血斑；腺胃乳头和黏膜有出血点、出血斑或出血条带；腺胃黏膜坏死、溃疡；肌胃出血，角质层易脱落等。

肠黏膜充血、出血，十二指肠最为严重，并有局灶性出血斑或出血性溃疡病灶；空肠、回肠黏膜有间断性2～5cm环状带呈出血性或紫红色；盲肠扁桃体出血；直肠后段及泄殖腔黏膜充血或有针头大的出血点。

心肌有出血点和出血斑，心肌呈灰白色或条索状坏死，心内外膜出血，心冠沟脂肪、腹部脂肪、胃部脂肪、肠系膜脂肪及腿内侧脂肪有出血点，心包积液。

胰腺轻度肿胀，表面有灰白色坏死点或淡褐色坏死灶，严重时有出血点。

肝脏肿胀，质脆，有出血点；脾脏肿大、充血、瘀血，表面有白色针头大坏死灶散在；肾肿大、出血，呈花斑状；胸肌、腿肌出血。

输卵管黏膜水肿、充血或出血，内积大量黏液或蛋白凝固物；卵泡膜严重充血或有较大出血斑，卵泡变形、液化、变黑呈紫葡萄状，卵泡破裂后掉入腹腔形成卵黄性腹膜炎。

部分病例颅顶骨和脑膜严重出血或有点状出血，脑组织有大小不一的灰白色坏死灶。

本病若与大肠杆菌病、支原体病、传染性浆膜炎等混合感染，形成心包炎、肝周炎、气囊炎。

五、防治

1. 预防

加强饲养管理，降低各种应激因素，饲料中添加复合维生素和黄芪多糖等提高机体抵抗力，高发季节使用清瘟败毒散等中药散剂配合维生素C拌料进行预防。

加强兽医卫生管理并做好检疫，严禁从疫区引种；确保饮水和饲料无污染并严禁外来人员参观；场内严禁其他畜禽存在或混养，推行封闭旱地圈养加间歇喷淋的饲养方式。

消除传染源是预防本病的重要措施。如对病毒感染引起死亡的水禽进行消毒、焚烧、深埋，对其排泄物和分泌物及污染的环境、设施等用消毒剂进行彻底严格的消毒，流行季节一定要做到临时消毒和定期消毒相结合，多角度杀灭病原。

免疫接种是预防本病的关键措施，同时确保疫苗质量及接种质量。

养殖场一旦发现疑似高致病性禽流感，坚决按照农业部制定并颁发的疫情处理规范和国家防治措施规范执行。

2. 低致病性禽流感治疗方案

（1）抗微生物药饮水或拌料，控制细菌的继发感染，饲料或饮水中添加维生素 C 和安乃近或对乙酰氨基酚或卡巴匹林钙或 APC 及干扰素等，减少各种应激因素及做好场内外消毒等。因鸭对磺胺类药物敏感，使用时把握好剂量。

（2）中药制剂治疗。

【处方1】银翘散

金银花60g，连翘45g，薄荷30g，荆芥30g，淡豆豉30g，牛蒡子45g，桔梗45g，淡竹叶20g，甘草15g。

【用法与用量】禽1~3g/只（若呼吸不畅伴有发热配合麻杏石甘散效果更佳）。

【处方2】清瘟败毒散

石膏120g，地黄30g，水牛角60g，黄连20g，栀子30g，牡丹皮20g，黄芩25g，赤芍25g，玄参25g，知母30g，连翘30g，桔梗25g，甘草15g，淡竹叶25g。

【用法与用量】禽1~3g/只。

【处方3】板青颗粒

板蓝根600g，大青叶900g（每100g相当于原生药材100g）。

【用法与用量】0.5g/只。

【处方4】金叶清瘟散

金银花320g，大青叶320g，板蓝根240g，蒲公英160g，紫花地丁160g，柴胡240g，鹅不食草128g，连翘160g，甘草160g，天花粉120g，白芷120g，防风80g，赤芍48g，浙贝母112g，乳香16g，没药16g。

【用法与用量】混饲，禽5~10g/kg饲料。

【处方5】忍冬黄连散

忍冬藤500g，黄芩250g，连翘250g。

【用法与用量】内服，禽0.5~1.0g/kg体重，每天2次。

【处方6】瘟毒克散

穿心莲363g，板蓝根163g，鱼腥草120g，连翘100g，石菖蒲40g，广藿香40g，蟾酥9g，冰片60g，芦根65g，石膏40g。

【用法与用量】禽0.5g/只。

【处方7】二黄穿虎散

穿心莲30g，黄芩30g，黄连10g，虎杖20g，马缨丹20g，白花蛇舌草20g，酒饼叶20g，墨旱莲20g，郁金10g，雄黄10g，冰片4g，甘草10g。

【用法与用量】一次量，禽 0.4～0.8g/kg体重，每天2～3次。

【处方8】金丝桃素

【用法与用量】50～70mg/只，连用4～5d。

【处方9】柴胡10g，葛根10g，金银花15g，连翘15g，陈皮10g。

【用法与用量】煎水灌服，供15～20只一次量使用。

【处方10】柴胡10g，陈皮10g，金银花10g。

【用法与用量】3～5g/只。

【处方11】羌活、防风、白芷、前胡、桔梗、枳壳、薄荷、甘草各60g，荆芥、杏仁、浙贝母各120g。

【用法与用量】研末，开水泡汁，倒入热饭中，喂服2 000只雏鸭；或熬汁煮谷，喂1 000只中鸭，或700只成鸭。

【应用】用本方防治鸭流感不影响食欲，不影响产蛋，治愈率高。

（3）个别严重病例采取单独给药方式治疗。①聚肌胞或干扰素1～2mg/只，阿米卡星注射液4万～6万IU/kg体重，肌内注射。②板蓝根注射液1～2mL/只，头孢喹诺2.6mg/kg体重，肌内注射。

鸭的禽流感病图

精神沉郁，不愿下水

两脚发软，站立不稳，出现扭颈、震颤、转圈等神经症状

第一章 病毒性疾病

眼圈潮湿，形成湿眼圈

眼结膜潮红，红眼

出现蓝眼睛

鼻腔充满黏液

喙呈暗红色，鼻腔流出血液

胸腺出血

气管环黏膜出血

喉头、气管出血

肺脏出血，呈暗红色

腺胃乳头水肿

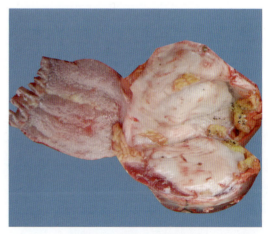

腺胃乳头水肿，肌胃出血

第一章 病毒性疾病

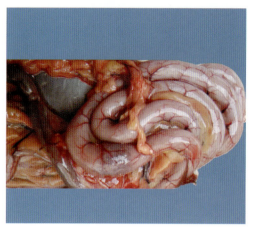

空肠、回肠有间断性 2~5cm 的出血环状带

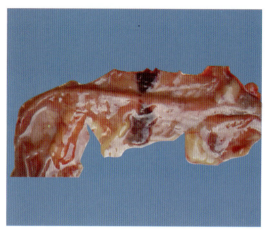

剪开肿胀的环状带，肠壁有局灶性出血斑或出血性溃疡

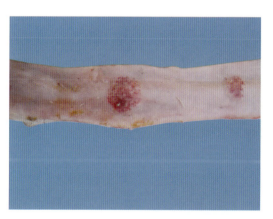

肠黏膜有局灶性出血斑或出血性溃疡灶

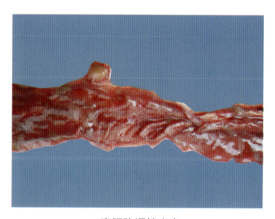

直肠弥漫性出血

直肠后段有针头大的出血点

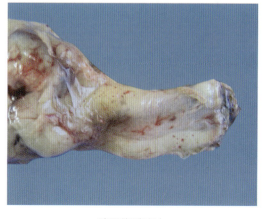

腺胃脂肪出血

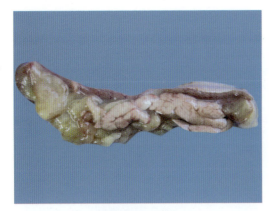
胰腺出血、坏死

胰腺表面有透明样坏死点

胰腺呈透明样变性

胰腺坏死灶呈透明样

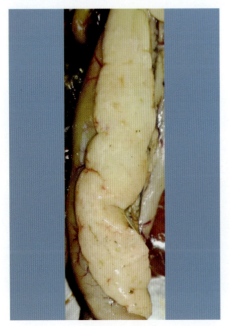
胰腺肿大、坏死

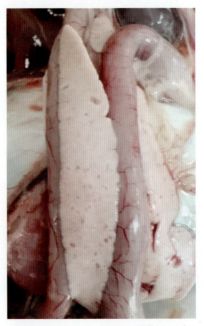
胰腺表面有出血点或透明样坏死点

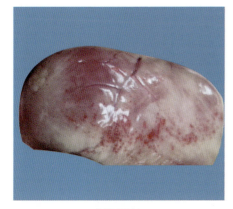
心肌出血

心冠脂肪出血，心外膜出血

心冠脂肪及心肌出血，呈片状

心冠脂肪及心肌弥漫性出血

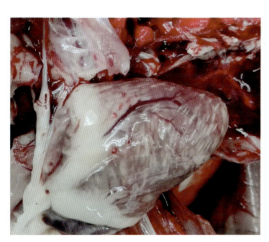
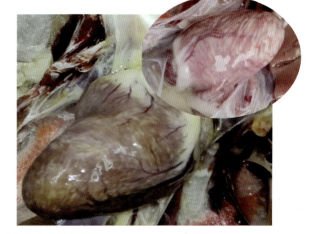
心肌呈灰白色或黄白色条索状坏死

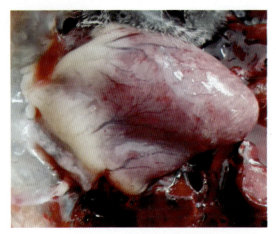
心肌出血，呈灰白色条索状坏死

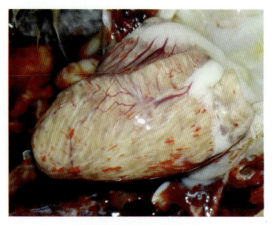
心肌呈黄白色条索状坏死

心肌坏死，呈水煮样，心包积液；肝脏质脆、出血

心肌呈黄白色条索状坏死

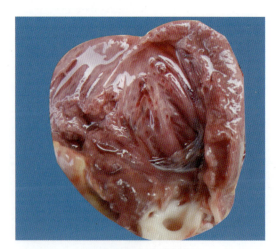
心内膜有出血点散在

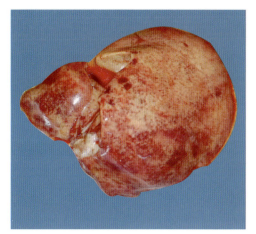

肝脏肿大、质脆，有出血点散在，有时出血点连成一片形成片状出血

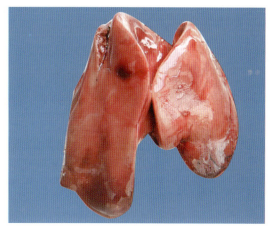

肝脏肿大、出血

肝脏肿大、出血，有坏死点散在

脾脏肿大、出血，有灰白色坏死灶散在

脾脏肿大、充血

脾脏出血、坏死

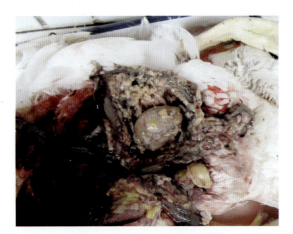
腹膜炎，腹腔内有豆腐渣样凝块

卵黄出血、坏死，卵黄性腹膜炎

鹅的禽流感图

濒死前出现神经症状

鼻腔内流出黄白色黏液

脚蹼出血

第一章 病毒性疾病

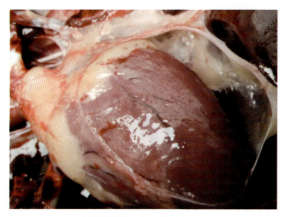
心冠脂肪及心肌出血

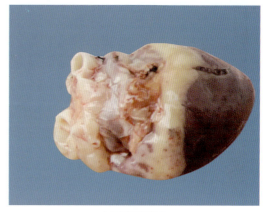
心冠脂肪出血

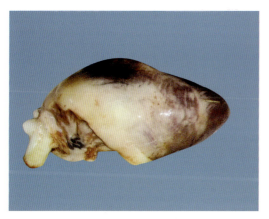
心肌呈水煮样坏死

胰腺表面有透明样坏死点

胰腺点状出血

胰腺片状坏死，呈透明样

腺胃乳头出血，肌胃出血

腺胃乳头水肿

腺胃出血

腺胃乳头出血

肌胃角质层脱落、溃疡

肌胃角质层下出血

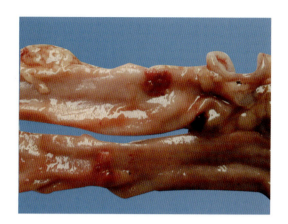 

肠淋巴滤泡密集处形成溃疡（1）

肠淋巴滤泡密集处形成溃疡（2）

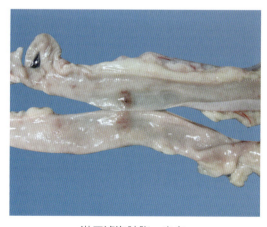 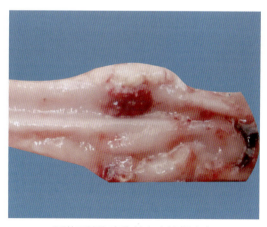

淋巴滤泡肿胀、出血　　　　　　　　　肠淋巴滤泡密集处有枣核样出血

直肠严重出血

泄殖腔内有黄绿色稀粪

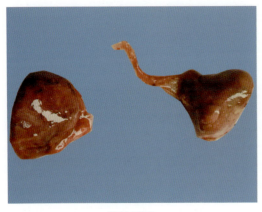
脾脏坏死

肠系膜脂肪点状出血

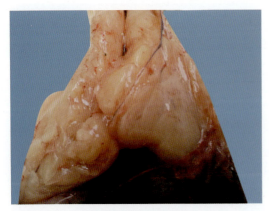
腹部脂肪有出血点

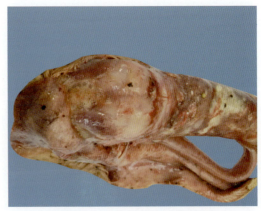
颅骨出血，颈部肌肉白色坏死

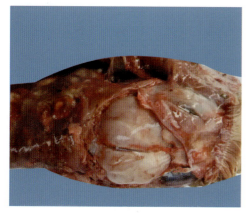
脑坏死

输卵管内有软皮蛋

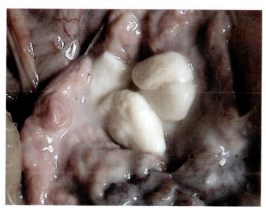
输卵管内有黄白色干酪样物

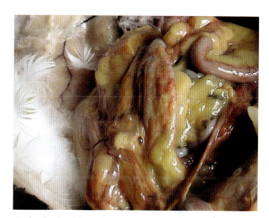
卵泡破裂后掉入腹腔,形成卵黄性腹膜炎

卵黄充血、出血

卵黄变性、坏死

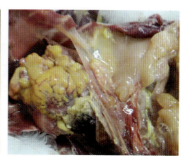
卵巢呈菜花状

第三节　新　城　疫

一、概述

新城疫又名亚洲鸡瘟，是由副黏病毒Ⅰ型引起的一种禽类急性、高度接触性传染病，常呈败血症经过。新城疫被世界动物卫生组织（OIE）列为危害禽类的两种A类传染病之一，我国将其列为一类动物疫病。

根据病情的严重程度分为典型新城疫和非典型新城疫，目前非典型新城疫呈上升趋势，发病率高于典型新城疫，它不单独发病，常与大肠杆菌病、传染性法氏囊病、支原体病、球虫病等一种或几种疾病混合感染，导致病情加重，给临床诊断和治疗带来困难，因此，新城疫仍是目前养鸡业主要的疾病之一。

二、流行病学

传染源：病鸡和带毒鸡是主要传染源。

传播途径：呼吸道和消化道传播是主要传播途径，也可通过带毒种蛋传播该病，病毒污染的饲料、饮水、地面、用具均可传播，创伤及交配也可传染，非易感的野禽、外寄生虫及人畜均可机械地传播新城疫病毒。

易感动物：鸡最易感染，不同年龄的鸡易感性也有差异，70日龄以下鸡易感性最高。

传播媒介：被新城疫病毒污染的水、饲料、器械及带毒的野生飞禽、昆虫及厂区工作人员等均可成为主要的传播媒介。

流行特点：新城疫四季均可发生，以春冬两季较多，取决于不同季节新鸡的数量、流动情况和适于病毒存活及传播的条件，污染的环境和带毒的鸡群是造成本病流行的常见原因；目前新城疫发病日龄越来越早，最早的在3日龄可发病，死亡率的高低取决于体内抗体水平的高低，若抗体水平低或没有免疫接种的鸡群，病死率高，为75%～100%，免疫鸡群病死率变化比较大，为3%～40%。

三、临床症状

自然感染时潜伏期3～5d，人工感染时为2～5d。

1. 典型新城疫

病初体温高,为43～44℃,精神沉郁,眼半闭似昏睡状,采食减少,饮水增加,嗉囊内有大量酸臭液体,少走动,翅下垂,冠、肉髯呈青紫色,呼吸困难并带有呼噜声,拉黄绿色粪便;中后期腿、翅麻痹,运动失调,原地转圈,出现观星症状,继而体温下降,昏迷而死。

产蛋鸡产蛋率下降,一般下降20%～70%,软皮蛋、砂皮蛋、褪色蛋等明显增多,种鸡受精率明显下降。

商品肉鸡群多集中在30日龄左右发病,先呼吸不畅、体温升高,后期出现神经症状,终因消瘦死亡。

2. 非典型新城疫

初期与典型新城疫相似,非典型新城疫多发生于免疫后的鸡群,发病率、死亡率相对低,死亡持续时间长,临床症状表现不明显,主要表现为呼吸道症状和神经系统障碍。

产蛋鸡群发病后,精神和采食基本正常,有的腹泻,发病5～7d后,病鸡出现瘫痪、扭颈、观星、摇头、头点地等症状;一般发病7～10d后,产蛋率下降,白壳蛋、畸形蛋、砂壳蛋、破壳蛋等增多,种鸡受精率、孵化率、健雏率等均低于正常水平,或终因继发感染大肠杆菌病、沙门杆菌病等疾病引起卵黄性腹膜炎,产蛋不易恢复正常水平。

非产蛋鸡可能会出现不同程度的呼吸道症状,如摇头、咳嗽及轻微的呼噜声,个别出现张口呼吸等症。

四、病理变化

1. 典型新城疫

嗉囊内聚积酸臭味、混浊的液体。

喉头和气管充血、出血,内有大量黄白色黏液或黄色干酪样物。

内脏的浆膜面及黏膜出血,腹部脂肪和心冠脂肪出血。

胸腺、脾脏肿大、出血,肾充血、水肿,输尿管内有尿酸盐沉积。

嗉囊与腺胃交界处、腺胃与肌胃交界处有出血点或出血带,腺胃黏膜肿胀、出血,腺胃乳头及乳头间出血,肌胃角质层下有出血斑或粟粒状溃疡。

肠道内多处有枣核样坏死灶,略高于黏膜表面;盲肠扁桃体肿大、出血、坏死和溃疡;直肠黏膜皱襞呈条状出血或有黄色纤维性坏死点;泄殖腔出血。

输卵管黏膜充血,卵泡充血、出血、变性,甚至坏死,卵黄破裂掉入腹腔后形成卵黄性腹膜炎。

2. 非典型新城疫

气管黏膜充血、出血;肠淋巴结肿大、出血;盲肠扁桃体肿胀;泄殖腔条纹状出血,其他病理变化与典型新城疫相同。

五、防治

1. 预防

疫苗接种是预防新城疫的关键措施，并确保接种质量，根据HI抗体的测定结果，确定首次免疫和再次免疫时间，平时加强饲养管理，饲养密度适宜，通风良好，饲喂营养均衡饲料，适当增加维生素用量，以增强鸡的体质，提高抗病力，严格执行消毒制度，做到临时消毒与定期消毒相结合，切断病原的传播途径。

2. 治疗方案

发病后及时向有关部门报告疫情并严格隔离病鸡，将病死鸡进行深埋或焚烧，对污染的场地、物品、用具等进行彻底消毒，同时对没有发病的鸡群进行紧急接种，以保护未被感染的健康鸡只。

非典型新城疫治疗方案（仅供参考），治疗效果受多因素影响。

（1）肌内注射抗新城疫高免血清1mL或高免卵黄1～2mL。

（2）抗微生物药饮水或拌料，控制细菌的继发感染，配合使用安乃近或卡巴匹林钙和维生素C，可以缓解病毒引起的高热症，干扰素、白介素、植物血凝素等细胞因子饮水或注射，抑制病毒复制。

（3）疫苗紧急接种24h后，选择清瘟败毒、凉血止痢、开窍的中药制剂治疗。

【处方1】清瘟败毒散

石膏120g，地黄30g，水牛角60g，黄连20g，栀子30g，牡丹皮20g，黄芩25g，赤芍25g，玄参25g，知母30g，连翘30g，桔梗25g，甘草15g，淡竹叶25g。

【用法与用量】禽1～3g/只。

【处方2】普济消毒散

大黄30g，黄芩25g，黄连20g，甘草15g，马勃20g，薄荷25g，玄参25g，牛蒡子45g，升麻25g，柴胡25g，桔梗25g，陈皮20g，连翘30g，荆芥25g，板蓝根30g，青黛25g，滑石80g。

【用法与用量】禽1～3g/只。

【处方3】板青颗粒

板蓝根600g，大青叶900g（每100g相当于原生药材100g）。

【用法与用量】鸡0.5g/只。

【处方4】金银花120g，连翘120g，板蓝根120g，蒲公英120g，青黛120g，甘草120g。

【用法与用量】水煎取汁，供100只鸡1次饮服，每天1剂，连用3～5d。

鸡的新城疫病图

精神沉郁，羽毛蓬乱，拉黄白色或黄绿色如蛋清样稀粪

扭颈，拉白色稀粪

呼吸困难，张口呼吸

口腔流绿色黏液

蛋壳颜色褪色，蛋壳易破碎

胸腺肿大、出血

上：气管水肿、充血　下：正常气管

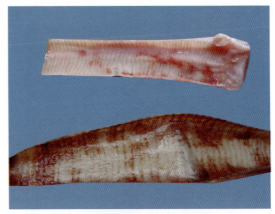

上：气管黏膜出血，内有黏液
下：气管黏膜出血

喉头和气管黏膜充血、出血

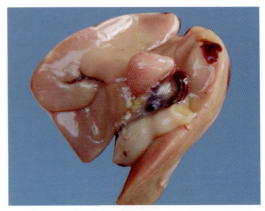

脾脏点状出血

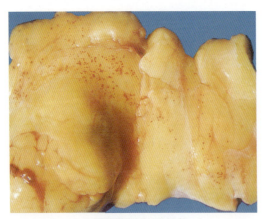

腹部脂肪有出血点

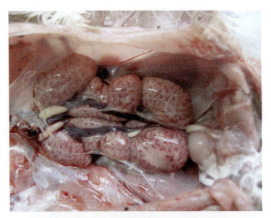

强毒新城疫引起的肾脏肿大、出血

胆汁反流，肌胃内容物呈绿色

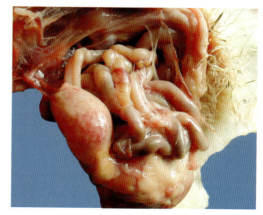
腺胃肿胀、出血，肠道腺体红肿

腺胃乳头出血，胃壁变薄

腺胃广泛性出血，腺胃表面有乳白色分泌物

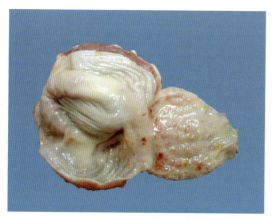
腺胃出血，腺胃与肌胃交界处出血

腺胃乳头出血

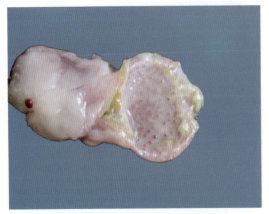

肌胃与腺胃交界处出现胶样渗出，腺胃乳头出血

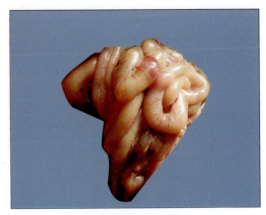

肠道腺体集合处红肿

肠道腺体集合处肿大、出血

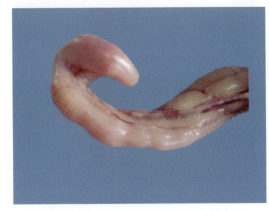

强毒新城疫引起的十二指肠"U"襻出血

十二指肠腺体肿胀，有溃疡

肠道内多处可见枣核样坏死灶

第一章 病毒性疾病

盲肠扁桃体出血

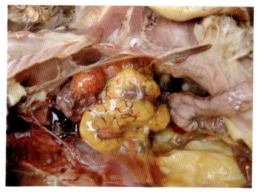

卵泡出血、萎缩

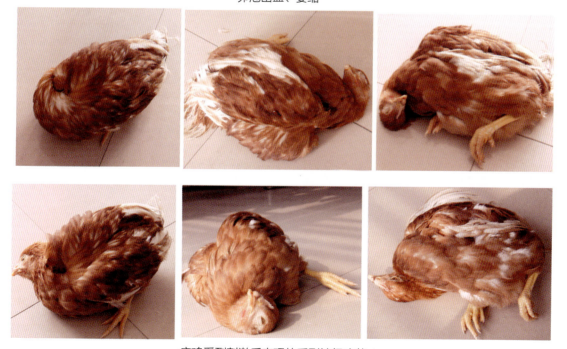

病鸡受到刺激后表现的系列神经症状

鸽、鹌鹑的新城疫病图

眼睑出血，濒死前口中流出黏液

腹泻，粪便呈绿色或黄绿色，混有白色如牛奶样粪便

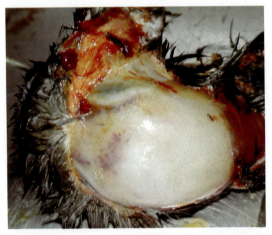

颅骨出血

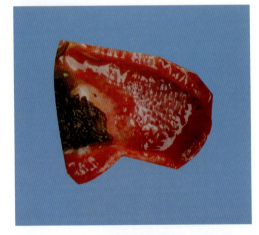

腺胃乳头出血

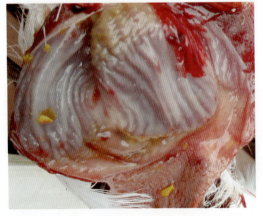

腺胃乳头水肿，腺胃与肌胃交界处出血，肌胃角质层下出血

鹌鹑感染新城疫出现扭颈神经症状

第四节　鸭鹅副黏病毒病

一、概述

鸭鹅副黏病毒病是由副黏病毒Ⅰ型引起鸭鹅的一种急性、高度接触性传染病，发病率和死亡率高。本病主要侵害消化道和呼吸道，以急性水样腹泻、两腿无力、呼吸困难和出现神经症状及产蛋率下降为临床特征，病理变化以脑、肝脏、消化道和呼吸系统器官黏膜充血、出血、坏死、溃疡或弥漫性点状出血，胰腺及脾脏肿胀且表面有大小不等的灰白色坏死灶等为主。

二、流行病学

传染源：病鸭鹅、其他病禽及流行期间的带毒鸭鹅是主要传染源。

传播途径：以消化道和呼吸道传播为主，也可通过被病禽污染的空气、饲料、饮水、用具及排泄物、尸体等感染。

易感动物：各种日龄鸭鹅均易感。

本病发生与流行无明显季节性，不同日龄（3～300日龄）均有易感性，20日龄以内的鸭鹅发病率和死亡率最高。

三、临床症状

精神沉郁，食欲减少或废绝，饮水增加，体温升高，闭目缩颈，羽毛松乱缺乏油脂并易附着污物，怕冷扎堆。

鼻孔周围有黏性分泌物，口中流出黏液，甩头，呼吸困难。

水样腹泻，拉淡黄白色、灰白色、绿色或黄绿色稀薄粪便，迅速消瘦。

部分病禽后期走路不稳，两腿无力，或出现瘫痪、转圈、摇头、扭颈或向后仰等症。

蛋禽产蛋率下降。

四、病理变化

喉头及气管出血，肺脏出血或瘀血。

食管黏膜有芝麻大小灰白色或淡黄色的结痂，易剥离，剥离后可见紫色斑点或溃疡。腺胃乳头与黏膜、腺胃与肌胃交界处有出血点或出血斑。

十二指肠、空肠、回肠及泄殖腔黏膜出血、坏死，有时结肠有豆状大小的溃疡。

胰腺表面出血，有少量白色或灰白色坏死点散在。

脾肿大；心肌色淡偶有出血；肝脏肿大呈土黄色，出血、坏死等。

五、防治

1. 预防

疫苗接种是预防本病的关键措施，要确保接种质量，平时加强饲养管理，搞好环境卫生，严格执行消毒制度，做到临时消毒与定期消毒相结合以消灭病原，切断病原的传播途径。

2. 治疗方案

（1）采用特异性卵黄抗体治疗或新城疫Ⅳ系疫苗紧急接种。

1）副黏病毒卵黄抗体（也可用干扰素、白介素、植物血凝素等注射）2mL/kg体重，阿米卡星2～4IU/kg体重，混合后，肌内注射，隔天1次；7d后采用副黏病毒灭活苗接种，每只1mL。

2）新城疫Ⅳ系疫苗4倍量饮水。

（2）抗微生物药饮水或拌料，控制细菌继发感染。

（3）采用清瘟败毒、凉血止痢、开窍的中药制剂进行治疗。

【处方1】清瘟败毒散

石膏120g，地黄30g，水牛角60g，黄连20g，栀子30g，牡丹皮20g，黄芩25g，赤芍25g，玄参25g，知母30g，连翘30g，桔梗25g，甘草15g，淡竹叶25g。

【用法与用量】禽1～3g/只。

【处方2】金银花60g，板蓝根60g，紫花地丁60g，穿心莲45g，党参30g，黄芪30g，淫羊藿30g，乌梅45g，诃子45g，升麻30g，栀子45g，鱼腥草45g，葶苈子30g，雄黄15g。

【用法与用量】用1 500mL水煎2次，早晚各拌水供500只鹅饮1次。病重鹅灌服4～5mL，连用4d。

【应用】用本方治疗鹅副黏病毒病，用药2d后病情得到控制，基本不再发生死亡，再连续用药2d后，病鹅精神状态和饮食情况得到好转。

鸭副黏病毒病图

离群呆立,不愿下水

张口呼吸

鸭腿无力,孤立一旁或瘫痪,无法行走

出现扭颈、转圈等神经症状

拉黄白绿色稀粪

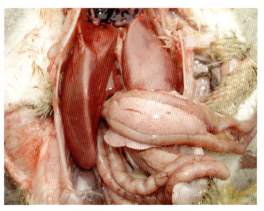

肝肿大,胰腺有出血点

胰腺出血，有白色点状坏死

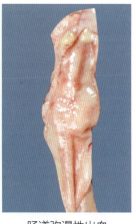
肠道弥漫性出血

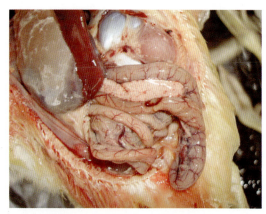
副黏病毒病与传染性浆膜炎混合感染引起的肝周炎、肠道肿胀、胰腺点状出血或有透明样坏死点

鹅副黏病毒病图

张口呼吸

发病后期出现走路不稳、转圈、摇头、扭颈或后仰、观星等症状

拉黄白色水样稀便

脾脏肿大、瘀血，有坏死灶散在

肌胃角质层易脱落、溃烂

第五节 传染性法氏囊病

一、概述

传染性法氏囊病是由传染性法氏囊病毒引起的以破坏鸡的中枢免疫器官法氏囊为主要发病机制的一种急性、高度接触性和免疫抑制性的传染病。本病以鸡突然发病、传播迅速、病程短、发病率高、呈尖峰状死亡曲线为特征。目前本病呈世界性流行,我国列为二类动物疫病,也是严重危害养鸡业的主要传染病之一。

二、流行病学

传染源:病鸡和带毒鸡。

传播途径:通过被鸡排泄物污染的饲料、饮水和垫料等经消化道传染,也可以通过呼吸道和眼结膜等传播。

易感动物:各种品种的鸡均可感染,2~6周龄的鸡易感,成年鸡一般呈隐性感染。

病原特性:本病毒主要存在于法氏囊和脾脏等器官内,而且该病毒对外界环境的抵抗力极强,外界环境一旦被病毒污染可长期传播病毒。

流行特点:本病潜伏期为2~3d,4~6月为发病高峰期,所有的鸡均可发病,具有发病日龄范围广、病程长、免疫鸡群仍可发病的特点。

当鸡舍发现有被感染鸡时,在短时间内该鸡舍所有鸡都可被感染,感染后3d开始死亡,5~7d达到高峰,以后逐渐停息,死亡曲线呈尖峰状。

近几年法氏囊病毒的毒力有所增强,变异较快,感染日龄早化,最早可见3日龄发病,而免疫鸡群尖峰死亡不明显,反复发病。

本病因法氏囊受损导致免疫抑制,造成马立克病、新城疫等免疫失败,本病易与大肠杆菌病、沙门杆菌病、球虫病、曲霉菌病、新城疫及慢性呼吸道病等混合感染,致使死亡率明显增加,治疗更为困难。

三、临床症状

突然发病,自啄泄殖腔,精神萎靡,羽毛蓬松,翅下垂,颤抖,闭目打盹呈昏睡状,严重时卧下不动呈三足鼎立姿势。

食欲下降或废绝，饮水量剧增，拉白色或水样粪便，泄殖腔周围的羽毛被粪便污染。发病后期病鸡对外界刺激反应迟钝或消失，体温下降，严重脱水，极度衰弱而死。

四、病理变化

脱水，爪发干，肌肉暗淡无光泽。

腿部和胸部肌肉有出血斑或出血条纹。

肾脏肿胀，因尿酸盐沉积而呈红白相间的"花斑肾"。

法氏囊水肿、出血，比正常肿大2倍以上；法氏囊内黏液增多，严重时法氏囊内有奶油样或干酪样渗出物；黏膜皱褶多混浊不清，黏膜表面有点状出血或弥漫性出血；严重时呈紫黑色葡萄状，以后逐渐萎缩变小。

肌胃与腺胃交界处条状出血，盲肠扁桃体肿大、出血，胸腺萎缩。

肝脏呈黄灰色或土灰色，死后因肋骨压挤呈红黄相间的条纹状，周边有梗死灶。

五、防治

1. 预防

免疫接种是预防本病的关键措施，根据当地的疫情状况、饲养管理条件、疫苗毒株的特点、鸡群母源抗体水平等确定最佳的免疫时间并确保接种质量。

加强饲养管理，搞好卫生，做好消毒工作，消灭环境中的病毒，减少或杜绝强毒的感染机会，饲喂优质的饲料，给鸡群创造适宜的小环境，尽量减少应激等是预防本病的重要措施。

2. 治疗方案

（1）发病后隔离病鸡，舍内外彻底消毒，适当提高鸡舍温度，饮水中添加补液盐和电解多维（尤其是维生素C），供应充足饮用水，适当降低饲料中蛋白质2%~3%等措施，利于疾病的康复。

（2）治疗。

1）发病鸡和假定健康鸡肌内注射高免卵黄或血清。剂量：20日龄以内的鸡0.5mL/只，20日龄以上的鸡1~2mL/只（建议注射时配合抗微生物药以控制细菌的继发感染），治疗8~10d后，采用法氏囊疫苗接种。

2）抗微生物药饮水或拌料，控制细菌的继发感染。

3）采用扶正祛邪、清热解毒、凉血止痢的中药制剂治疗。

【处方1】扶正解毒散

板蓝根60g，黄芪60g，淫羊藿30g。

【用法与用量】鸡 0.5～1.5g/只。

【处方2】清瘟败毒散

石膏120g，地黄30g，水牛角60g，黄连20g，栀子30g，牡丹皮20g，黄芩25g，赤芍25g，玄参25g，知母30g，连翘30g，桔梗25g，甘草15g，淡竹叶25g。

【用法与用量】禽1～3g/只。

【处方3】金叶清瘟散

金银花320g，大青叶320g，板蓝根240g，蒲公英160g，紫花地丁160g，柴胡240g，鹅不食草128g，连翘160g，甘草160g，天花粉120g，白芷120g，防风80g，赤芍48g，浙贝母112g，乳香16g，没药16g。

【用法与用量】混饲，禽每千克饲料5～10g。

【处方4】法氏宁散

黄芪150g，板蓝根150g，大青叶100g，猪苓100g，金银花80g，党参70g，苍术60g，茯苓80g，当归70g，红花30g，栀子70g，甘草40g。

【用法与用量】混饲，鸡每100kg饲料2kg，重症鸡每千克体重2g，预防用量酌减。使用时也可以按上述用量将药用开水适量浸泡1h，取上清液供鸡引用，药渣拌料饲喂。

【处方5】三黄金花散

黄芪200g，黄连80g，蒲公英200g，板蓝根200g，金银花100g，黄芩100g，金荞麦200g，茵陈100g，茯苓200g，党参200g，大青叶200g，红花200g，藿香100g，甘草150g，石膏50g。

【用法与用量】拌料：一次量，鸡0.5～0.8g/kg体重，每天3次。

【处方6】石穿散

生石膏500g，板蓝根300g，穿心莲300g，葛根200g，黄连200g，地黄200g，白头翁300g，白芍200g，木香150g，秦皮200g，连翘150g，黄芪200g，甘草100g。

【用法与用量】一次量，鸡0.6～0.9g/kg体重，每天2次。

【处方7】金翘败毒散

金银花40g，连翘40g，黄芩40g，栀子40g，板蓝根40g，知母40g，丹参40g，绵马贯众30g，大青叶40g，赤芍30g，石膏100g，黄连20g，玄参40g，地黄40g，黄柏40g，牡丹皮40g，甘草30g。

【用法与用量】一次量，鸡0.4～0.5g/kg体重，每天1～2次，连用3～5d。

【处方8】板二黄散

黄芪600g，白术450g，淫羊藿400g，板蓝根600g，连翘300g，黄柏（盐炙）350g，山楂300g，地黄350g。

【用法与用量】一次量，鸡0.6～0.8g/kg体重，每天2次，连用2d。

【处方9】攻毒汤

党参30g，黄芪30g，蒲公英40g，金银花30g，板蓝根30g，大青叶30g，甘草（去皮）10g，蟾蜍1只（100g以上）。

【用法与用量】将蟾蜍置砂罐中，加水1 500kg煎沸，稍后加入其他中药，文火煎沸，放冷取汁，供100只中雏1d 3次混饮或混饲。也可干燥制成粉末拌料，用量可减至1/3～1/2。

【应用】用本方防治鸡传染性法氏囊病，效果良好。

【处方10】党参100g，黄芪100g，板蓝根150g，蒲公英100g，大青叶100g，金银花50g，黄芩30g，黄柏50g，藿香30g，车前草50g，甘草50g。

【用法与用量】将上述药物装入砂罐内用凉水浸泡30min后煎熬，煎沸后文火煎30min，连煎2次。混合药液浓缩至2 000mL左右。给鸡群自饮，对病重不饮水的鸡用滴管灌服，每次1～2mL/只，每天3次。

【应用】用本方治疗鸡传染性法氏囊病效果显著。在治疗期间，配合口服补液盐饮水（氯化钠3.5g，碳酸氢钠2.5g，氯化钾1.5g，葡萄糖20g，水2 500～5 000mL）。

【处方11】大青叶、板蓝根、蒲公英各100g，金银花、黄芩、黄柏各50g，生石膏、生地黄、栀子各20g，甘草40g。

【用法与用量】水煎2次，煎至2kg药液，供200只病鸡服用。

鸡的传染性法氏囊病图

精神萎靡，闭目打盹

拉黄白色奶状粪便

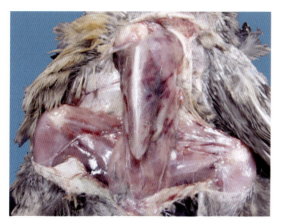
腿肌内侧及胸肌出血

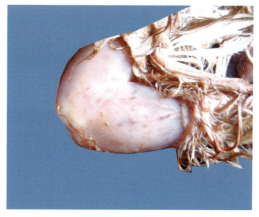
腿肌呈刷状出血

腿肌严重出血

肾脏肿大、出血，花斑肾；输尿管内有白色尿酸盐沉积

肾脏肿大、出血，呈斑驳状（俗称花斑肾）

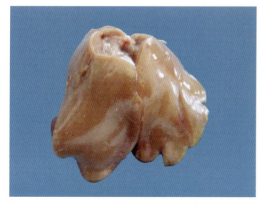
肝脏呈土黄色

肌胃与腺胃交界处出血

法氏囊胶冻样水肿、变性，呈黄色

法氏囊肿大、出血

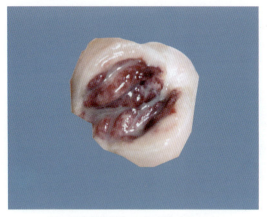
法氏囊皱褶出血，内有乳白色液体

法氏囊浆膜外有胶样渗出，严重时呈紫黑色葡萄状

严重时，法氏囊皱褶呈紫葡萄色样出血

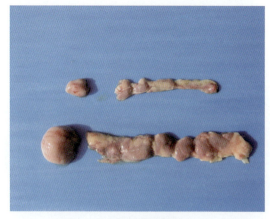
上：后期，法氏囊及胸腺萎缩　下：正常

第六节 传染性喉气管炎

一、概述

传染性喉气管炎是由喉气管炎病毒引起的鸡的一种急性呼吸道疾病,其病毒是一种疱疹病毒。临床症状以呼吸困难、喘气、咯出血痰为特征,病理变化以喉部和气管黏膜肿胀、糜烂、坏死和大面积出血为特征。

本病1925年首次报道于美国,现已遍布各养禽国家和地区,我国有些地方呈地方性流行。本病常引起死亡和产蛋率下降,造成严重经济损失,给养殖业造成巨大危害。

二、流行病学

传染源:病鸡及康复后的带毒鸡。

传播途径:经上呼吸道及眼内传染,也可以经消化道传染。本病虽不垂直传播,但种蛋及蛋壳上的病毒感染鸡胚后,鸡胚在出壳前均会出现死亡。

易感动物:本病主要侵害鸡,各日龄的鸡均可感染,但多发生于成年鸡,青年鸡次之,雏鸡不明显。

传播媒介:康复鸡可长期排毒,被病毒分泌物污染过的垫草、饲料、饮水及用具等可成为本病的传播媒介。

诱发因素:鸡群饲养管理不良,如饲养密度过大、拥挤、鸡舍通风不良、维生素缺乏、存在寄生虫感染等都可以促进本病的发生与传播。

流行特点:本病四季均可发生,秋冬季节多发,发病后传播速度快,2~3d波及全群,感染率可达90%,致死率5%~70%,致死率平均15%左右,产蛋高峰期死亡率相对偏高。

近年来,鸡传染性喉气管炎的发生逐渐趋于温和,多与其他的呼吸道疾病混合感染使病症复杂。

三、临床症状

根据病毒的毒力及侵害部位不同,传染性喉气管炎在临床上可分为喉气管型(急性型)和结膜型(温和型)。

1. 喉气管型（急性型）

喉气管型（急性型）是高度致病性病毒株引起的。

鸡冠及肉髯呈暗紫色，死亡鸡体况较好，多因窒息死亡，死亡时多呈仰卧姿势。

鼻孔有分泌物，呼吸时发出湿啰音，接着呼吸困难，抬头伸颈，并发出响亮的喘鸣声，一呼一吸而呈波浪式的起伏。

咳嗽或摇头时，咯出血痰，血痰常附着于墙壁、水槽、食槽或鸡笼上。

部分鸡肿脸、肿头、流泪，拉绿色粪便。

产蛋率急剧下降，畸形蛋、砂壳蛋、软皮蛋增多。

2. 结膜型（温和型）

结膜型（温和型）是低致病性病毒株引起的，病程2～3周。

病鸡精神委顿，生长迟缓，眶下窦肿胀，眼结膜红肿，流泪，眼分泌物从浆液性到脓性，甚至内有黄白色干酪样物，最后导致眼盲。

蛋鸡产蛋率下降，畸形蛋增多等。

四、病理变化

1. 喉气管型（急性型）

典型的病理变化是喉和气管黏膜充血、出血，炎症也可扩散到支气管、肺、气囊、眶下窦等。

鼻腔渗出物中带有血凝块或纤维素性干酪样物，鼻腔和眶下窦黏膜有卡他性或纤维素性炎。

喉头和气管黏膜肥厚、高度潮红、出血或增生，严重时喉头及气管内有纤维素性干酪样物质，呈灰黄色附着于喉头周围，堵塞喉腔，特别是堵塞喉裂部，干酪样物从黏膜脱落后，黏膜急剧充血，轻度增厚，散在点状或斑状出血。

蛋鸡卵巢异常，卵泡充血、出血、变性、坏死等。

2. 结膜型（温和型）

有些病例单独侵害眼结膜，结膜充血、水肿，点状出血或角膜溃疡；有的则与喉头、气管病变合并发生；有些病鸡的眼睑特别是下眼睑发生水肿等。

五、防治

1. 预防

坚持严格隔离、消毒等措施是防止本病流行的有效办法，封锁疫点，禁止可能导致污染的人员、饲料、设备和鸡只的流动等措施是成功控制本病的关键，免疫接种是防治传染性喉气管炎的关键措施，但效果都不是很理想（一是免疫后反应较强烈；二是免疫保护期短、保护率较低；三是一旦鸡场免疫后，每批鸡都要免疫）。

2. 治疗方案

对发病鸡采用传染性喉气管炎疫苗点眼紧急接种有一定效果，建议配合庆大霉素滴鼻点眼（每1 000只配合庆大霉素4万~8万IU）。

（1）抗微生物药饮水或拌料，控制细菌继发感染。

（2）采用清热解毒、豁痰、通利咽喉的中药制剂治疗。

【处方1】喉炎净散

板蓝根840g，蟾酥80g，合成牛黄60g，胆膏120g，甘草40g，青黛24g，玄明粉40g，冰片28g，雄黄90g。

【用法与用量】鸡0.05~1.5g/只。

【处方2】镇喘散

香附300g，黄连200g，干姜300g，桔梗150g，山豆根100g，皂角40g，甘草100g，合成牛黄40g，蟾酥30g，雄黄30g，明矾50g。

【用法与用量】鸡0.5~1.5g/只。

【处方3】呼炎康散

麻黄24g，苦杏仁50g，生石膏90g，甘草60g，板蓝根80g，鱼腥草80g，黄芩60g，山豆根75g，桔梗50g，连翘50g，射干75g。

【用法与用量】内服，鸡1g/kg体重，连用5d。

【处方4】金叶清瘟散

金银花320g，大青叶320g，板蓝根240g，蒲公英160g，紫花地丁160g，柴胡240g，鹅不食草128g，连翘160g，甘草160g，天花粉120g，白芷120g，防风80g，赤芍48g，浙贝母112g，乳香16g，没药16g。

【用法与用量】混饲，禽5~10g/kg饲料。

【处方5】清肺止咳散

桑白皮30g，知母25g，苦杏仁25g，前胡30g，金银花60g，连翘30g，桔梗25g，甘草20g，橘红30g，黄芩45g。

【用法与用量】禽1~3g/只。

【处方6】复方麻黄散

麻黄300g，桔梗300g，薄荷120g，黄芪30g，氯化铵300g。

【用法与用量】拌料混饲，鸡8g/kg饲料。

【处方7】镇咳涤毒散

麻黄150g，甘草100g，穿心莲100g，山豆根100g，蒲公英100g，板蓝根100g，石膏100g，连翘70g，黄芩50g，黄连30g。

【用法与用量】拌料混饲，鸡8g/kg饲料。

【处方8】加减清肺散

板蓝根150g，金银花50g，连翘70g，黄芪100g，山豆根100g，知母90g，百部50g，桔梗80g，葶苈子100g，玄参50g，紫菀70g，浙贝母50g，黄柏100g，陈皮50g，苍术70g，泽泻100g。

【用法与用量】拌料混饲，鸡20g/kg饲料。

【处方9】银翘清肺散

金银花10g，连翘20g，板蓝根30g，陈皮20g，紫菀15g，黄芪15g，葶苈子20g，玄参30g，黄柏15g，麻黄20g，甘草10g。

【用法与用量】混饲，鸡2g/只，连用3~6d。

【处方10】茵陈金花散

茵陈70g，金银花50g，黄芩60g，黄柏40g，柴胡40g，龙胆60g，防风60g，荆芥60g，甘草40g，板蓝根120g。

【用法与用量】一次量，鸡0.5g/kg体重，每天2次，连用3d。

【处方11】桔梗栀黄散

桔梗60g，山豆根30g，栀子40g，苦参30g，黄芩40g。

【用法与用量】禽2~3g/只。

【处方12】麻黄30g，知母30g，贝母30g，黄连30g，桔梗25g，陈皮25g，紫苏20g，杏仁20g，百部20g，薄荷20g，桂枝20g，甘草15g。

【用法与用量】水煎3次，合并药液，供100只成年鸡混饮，每天1剂，连用3剂。

【应用】用本方治疗鸡传染性喉气管炎，治愈率98%，预防保护率100%。治愈后的蛋鸡能很快恢复产蛋率。

（3）个别严重病例，采用银黄注射液治疗：每千克体重0.1mL，连用3d。

鸡的传染性喉气管炎病图

结膜炎，眼结膜出血，鼻孔流出血液

张口伸颈呼吸

第一章 病毒性疾病

呼吸困难，眼圈周围肿胀，流泪

鼻腔出血，气管内有卡他性出血性渗出物

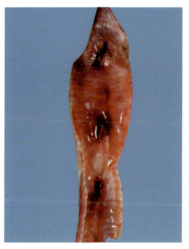
喉头和气管出血，气管内有血凝块

喉头及气管黏膜肥厚、发炎，内有大量黏液，严重时形成假膜

喉头和气管腔内充满黄色柱状干酪样物

黄色干酪样物堵塞喉头

后期气管黏膜脱落后形成管状物

气管内取出血样黏条

53

第七节 传染性支气管炎

一、概述

传染性支气管炎是由冠状病毒科、冠状病毒属的传染性支气管炎病毒引起鸡的一种急性、高度接触性呼吸道和泌尿生殖道疾病,其特征是病鸡咳嗽、打喷嚏、气管啰音。

本病病毒变异频繁,血清型众多,不同毒株的免疫原性、致病性和组织嗜性的差异较大,临床中分为呼吸道型、肾型、腺胃型和生殖道型。

本病呈世界性分布,传染性强,传播快,潜伏期短,发病率高,雏鸡死亡率最高,尤其是腺胃型和肾型。若蛋雏鸡发生传染性支气管炎则导致蛋鸡产蛋无高峰期;成年鸡表现为呼吸道症状和产蛋率下降。

目前,传染性支气管炎是严重危害养鸡业的几种主要禽病之一。

二、流行病学

传染源:病鸡和康复后带毒鸡。

传播途径:病鸡通过呼吸道和消化道排毒,经空气中的飞沫和尘埃传染给易感鸡,也可通过被污染的饲料、饮水和器具等媒介经消化道传播,还可经卵垂直传播。

易感动物:本病目前只感染鸡,不同年龄、品种的鸡均易感,以雏鸡和产蛋鸡最易感,尤其40日龄内的雏鸡发病最为严重,死亡率较高。

流行特点:本病传播迅速,一旦感染,很快传播全群,四季均可发病,气候寒冷的季节多发,过热过冷、拥挤、通风不良、饲料中的营养成分配比不适当、缺乏维生素和矿物质及其他不良应激因素等都会促进本病的发生与流行。

三、临床症状

1. 呼吸道型

雏鸡:病鸡精神委顿,缩头,闭眼沉睡,翅下垂,羽毛松散无光,怕冷挤堆,流鼻液,流泪,打喷嚏,伸颈,张口喘气,伴随呼吸发出喘鸣音,个别鸡面部肿胀。

产蛋鸡:除有呼吸道症状外,产蛋鸡开产推迟和产蛋下降,产蛋下降25%~50%,伴随薄壳蛋、褪色蛋、畸形蛋增多,蛋清稀薄如水,易与蛋黄分离,种蛋孵化率降低,产蛋不易恢复到原有的水平。

值得注意的是，若1日龄感染会造成永久性的输卵管受损，也是蛋鸡不下蛋的原因之一，10～14日龄感染则造成较多的假母鸡。

2. 腺胃型

多发于20～80日龄雏鸡。病死率与饲养管理条件有关，病死率一般为20%～30%，最严重鸡群或有并发症时病死率可达90%以上。

病鸡采食量下降，闭眼嗜睡，前期有流黏性鼻液、流泪、咳嗽等呼吸道症状，中后期极为消瘦，拉黄绿色或白色稀薄粪便，终因衰竭死亡。

3. 肾型

2～4周龄的雏鸡多发，死亡率高，达30%以上；育成鸡和产蛋鸡也有发生，成年鸡和产蛋鸡群并发尿石症时死亡率增大。

病鸡精神沉郁，鸡冠发暗，鸡爪干瘪，缩颈垂翅，羽毛蓬松，怕冷，采食量减少，甚至食欲废绝，饮水量增多，拉白色米汤样稀粪，肛门周围羽毛被粪便污染，个别鸡因痛风引起瘫痪。

发病鸡群呈双相性临床症状，即初期有2～4d的轻微呼吸道症状，随后呼吸道症状消失，出现表面上的"康复"状态，1周左右进入急性肾病阶段，零星死亡等。

4. 生殖道型

新开产鸡发病后，产蛋徘徊不前或上升缓慢。

产蛋高峰期发病时，鸡蛋表面粗糙、蛋壳陈旧、变薄、颜色变浅或发白；产蛋率下降的多少因鸡体自身抗病力和毒株不同而异，恢复原来产蛋水平需要6周左右，但大多数达不到原来的产蛋水平。

发病初期，病鸡精神萎靡，以呼噜症状为主，伴随张口喘气、咳嗽、气管啰音，有的肿眼流泪，一般持续5～7d；发病中后期，采食量下降5%～20%，粪便变软或拉水样粪便，产蛋率下降。

四、病理变化

1. 呼吸道型

呼吸道型以鼻腔、鼻窦、气管和支气管内有浆液性、卡他性和干酪样渗出物为特征。

鼻腔、鼻窦内有条状或干酪样渗出物。

气囊混浊、坏死或有黄色干酪样渗出物。

气管充血、出血，内有黄白色黏液；严重感染时，气管下1/3处、支气管内有干酪样物，大支气管周围可见小灶性肺炎。

蛋鸡输卵管发育不良或有囊肿、卵泡充血、出血、坏死，腹膜混浊，终因卵黄性腹膜炎而产蛋停止，零星死亡。

2. 腺胃型

机体消瘦，30%的病死鸡肾脏肿大，呈苍白色。

气管充血或出血，内有卡他性黏液。

腺胃肿大如乒乓球状，腺胃胃壁增厚，腺胃黏膜出血或溃疡，腺胃乳头肿胀、出血或乳头消失。

肠黏膜出血，尤其十二指肠出血最为严重。

3. 肾型

严重脱水，肌肉发绀，皮肤与肌肉难分离。

肾脏苍白、肿大、出血，多数表面红白相间而呈斑驳状的花斑肾，切开后流出石灰样物，肾小管和输尿管因沉积大量尿酸盐而扩张。

严重感染时，心、肝表面及泄殖腔等组织、器官有大量尿酸盐沉积。

4. 生殖道型

输卵管水肿或囊肿，卵泡充血、出血、变性，甚至坏死，卵黄破裂掉入腹腔后形成干酪样物，终因卵黄性腹膜炎而死。

五、防治

1. 预防

加强饲养管理，做好环境卫生，及时消毒，减少诱发因素，供应优质饲料是控制或降低发病的重要措施。

免疫接种是预防本病的关键。因本病毒变异频繁，血清型众多，各型间交叉保护力弱，用当地流行株制成的油乳剂灭活疫苗接种是目前控制本病最有效的方法。

2. 治疗方案

（1）采用对肾脏无损害的抗微生物药饮水或拌料，控制支原体病、大肠杆菌病等病的继发感染。饮水中添加复方碳酸氢盐电解质（碳酸氢钠879g、碳酸氢钾100g、亚硒酸钠1g、碘化钾10g、磷酸二氢钾10g，混饮，每升水，禽1~2g，连用3d，夏季仅上午使用）和多种维生素，降低饲料中蛋白质的含量，供应充足的饮水等措施可缓解肾炎的症状。

（2）本病由热毒内蕴引起痰涎阻塞气管，导致咳嗽气喘等症，故采用清肺化痰，止咳平喘的中药制剂治疗。

【处方1】白矾散

白矾60g，浙贝母30g，黄连20g，白芷20g，郁金25g，黄芩45g，大黄25g，葶苈子30g，甘草20g。

【用法与用量】禽1~3g/只。

【处方2】麻杏石甘散

麻黄30g，苦杏仁30g，石膏150g，甘草30g。

【用法与用量】禽1～3g/只。

【处方3】定喘散

桑白皮25g，苦杏仁（炒）20g，莱菔子30g，葶苈子30g，紫苏子20g，党参30g，白术（炒）20g，关木通20g，大黄30g，郁金25g，黄芩25g，栀子25g。

【用法与用量】禽1～3g/只。

【处方4】清肺止咳散

桑白皮30g，知母25g，苦杏仁25g，前胡30g，金银花60g，连翘30g，桔梗25g，甘草20g，橘红30g，黄芩45g。

【用法与用量】禽1~3g/只

【处方5】金叶清瘟散

金银花320g，大青叶320g，板蓝根240g，蒲公英160g，紫花地丁160g，柴胡240g，鹅不食草128g，连翘160g，甘草160g，天花粉120g，白芷120g，防风80g，赤芍48g，浙贝母112g，乳香16g，没药16g。

【用法与用量】混饲，禽5～10g/kg饲料。

【处方6】呼炎康散

麻黄24g，苦杏仁50g，生石膏90g，甘草60g，板蓝根80g，鱼腥草80g，黄芩60g，山豆根75g，桔梗50g，连翘50g，射干75g。

【用法与用量】内服，鸡1g/kg体重，连用5d。

【处方7】禽喘康复散

板蓝根80g，麻黄100g，桔梗80g，苦杏仁100g，穿心莲80g，鱼腥草120g，黄芪100g，茯苓60g，石膏200g，葶苈子100g。

【用法与用量】混饲，鸡每100kg饲料2kg。

【处方8】复方麻黄散

麻黄300g，桔梗300g，薄荷120g，黄芪30g，氯化铵300g。

【用法与用量】拌料混饲，鸡8g/kg饲料。

【处方9】镇咳涤毒散

麻黄150g，甘草100g，穿心莲100g，山豆根100g，蒲公英100g，板蓝根100g，石膏100g，连翘70g，黄芩50g，黄连30g。

【用法与用量】拌料混饲，鸡8g/kg饲料。

【处方10】板青连黄散

板蓝根50g，大青叶40g，连翘20g，麻黄20g，甘草20g。

【用法与用量】混饲，鸡4g/kg饲料。

【处方11】加减清肺散

板蓝根150g，金银花50g，连翘70g，黄芪100g，山豆根100g，知母90g，百部50g，桔梗80g，葶苈子100g，玄参50g，紫菀70g，浙贝母50g，黄柏100g，陈皮50g，苍术70g，泽泻100g。

【用法与用量】混饲，鸡20g/kg饲料。

【处方12】痢喘康散

白头翁20g，黄柏20g，黄芩20g，陈皮20g，板蓝根10g，半夏20g，大黄20g，白芍10g，石膏30g，桔梗20g，甘草10g。

【用法与用量】混饲，鸡2~4g/kg饲料。

【处方13】紫青散

紫草50g，大青叶50g。

【用法与用量】混饲，鸡5~10g/kg饲料。

【处方14】银翘清肺散

金银花10g，连翘20g，板蓝根30g，陈皮20g，紫菀15g，黄芪15g，葶苈子20g，玄参30g，黄柏15g，麻黄20g，甘草10g。

【用法与用量】混饲，鸡2g/kg饲料，连用3~6d。

【处方15】百部射干散

虎杖91g，紫菀114g，百部114g，白前114g，射干68g，半夏34g，党参91g，黄芪114g，甘草68g，桔梗91g，荆芥91g，干姜10g。

【用法与用量】混饲，鸡10g/kg饲料，连用5d。

【处方16】银黄板翘散

黄连50g，金银花50g，板蓝根45g，连翘30g，牡丹皮30g，栀子30g，知母30g，玄参20g，水牛角浓缩粉15g，白矾10g，雄黄10g，甘草15g。

【用法与用量】鸡1~2g/只。

【处方17】鱼枇止咳散

鱼腥草240g，枇杷叶240g，麻黄100g，蒲公英240g，甘草80g。

【用法与用量】混饲，鸡5g/kg饲料，连用5~7d。

【处方18】忍冬黄连散

忍冬藤500g，黄芩250g，连翘250g。

【用法与用量】内服，鸡0.5~1.0g/kg体重，每天2次。

【处方19】紫菀20g，细辛20g，大腹皮20g，龙胆草20g，甘草20g，茯苓40g，车前子40g，五味子40g，泽泻40g，大枣30g。

【用法与用量】研末，过筛，按每只每天0.5g，加入20倍药量的100℃开水浸泡15~20min，再加入适量凉水，分早、晚两次饮用。饮药前断水2~4h，2h内饮完。

【应用】本方用于治疗肾型传染性支气管炎，效果显著，连用4d即愈。

鸡的传染性支气管炎病图

呼吸道型：呼吸困难，张口伸颈呼吸

呼吸道型：鼻腔充血、出血

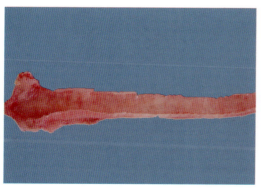

呼吸道型：喉头和气管水肿、充血，内有黄白色黏液

呼吸道型：气管严重出血

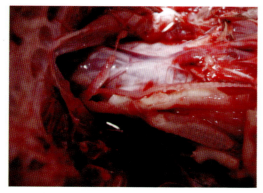

呼吸道型：气管末端及支气管内有黄白色柱状物

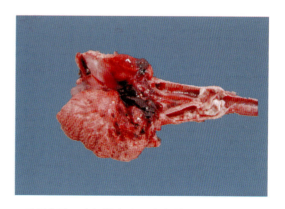

呼吸道型：支气管出血，内有黄白色干酪样物

呼吸道型：支气管内有白色干酪样物

雏鸡发生呼吸道型传染性支气管炎，输卵管造成永久性损坏，形成囊肿（下图为正常对照）

雏鸡发生呼吸道型传染性支气管炎，导致输卵管不发育或发育不完善，不能产蛋或低产，但卵泡发育基本正常

呼吸道型：雾状蛋、畸形蛋、螺旋蛋等增多

腺胃型：腺胃肿胀呈白色

腺胃型：腺胃肿胀，腺胃与肌胃交界处变薄，严重时交界处穿孔

腺胃型：腺胃乳头消失，腺胃黏膜乳头点状出血

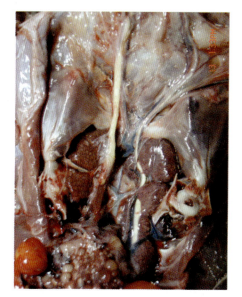

肾型：肾脏出血，输尿管内沉积大量尿酸盐

肾型：精神不振，瘫痪

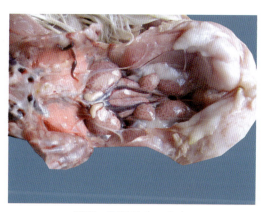

肾型：肾脏肿大、出血

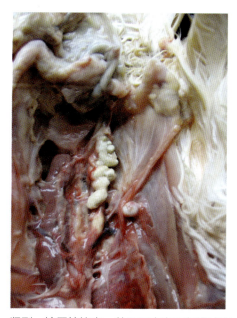

肾型：输尿管堵塞，剪开后内有石灰样栓塞

肾型：肾脏肿大、出血，泄殖腔内积有大量白色尿酸盐

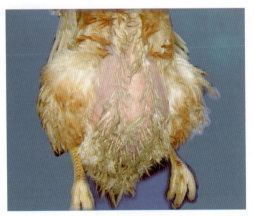

生殖道型：早期感染传染性支气管炎引起水裆鸡

生殖道型：蛋壳颜色变浅，质量变差，破壳蛋、焦壳蛋等增多

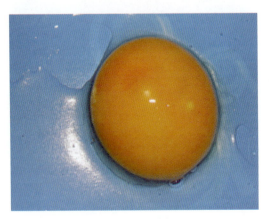

生殖道型：蛋清稀薄如水

生殖道型：输卵管发育不全

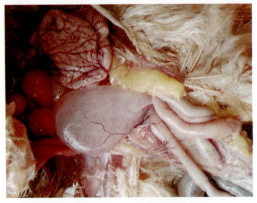

生殖道型：输卵管囊肿

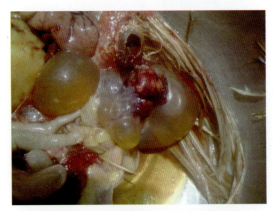

生殖道型：输卵管囊肿，内积存大量液体

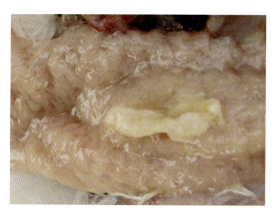
生殖道型：输卵管水肿，内有黄白色干酪样物

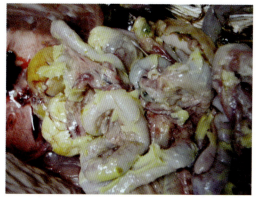
生殖道型：卵黄破裂掉入腹腔后形成卵黄性腹膜炎

第八节 禽 痘

一、概述

禽痘是由禽痘病毒引起的一种急性、热性、高度接触性传染病，以皮肤形成痘疹和喉头黏膜有假膜为特征。临床分为四种类型：黏膜型（白喉型）、皮肤型、眼鼻型、混合型。目前两种以上类型混合感染居多，治疗难度比较大。

二、流行病学

传染源：病禽是主要传染源。

传播途径：禽痘的传播一般通过蚊虫叮咬、破损的皮肤或黏膜感染；而脱落或散落的痘痂是主要的传播媒介。

易感动物：不同品种、日龄的禽及野鸟均可感染，雏禽多发且病情严重，死亡率高。

流行特点：本病四季都可发生，夏秋季多发皮肤型，冬季以黏膜型为主，我国南方气候潮湿，蚊虫多，更易发病，病情更为严重。在某些不良环境如拥挤、通风不良、阴暗、潮湿、体外寄生虫病存在、啄癖或外伤、饲养管理不善或饲养配比不当等均可促使本病发生与流行，本病常并发或继发传染性鼻炎、副黏病毒病、慢性呼吸道病等疾病，加剧病情，致使死亡率上升。

三、临床症状

1. 黏膜型（白喉型）

多发于雏禽，病死率较高。

前期呈鼻炎症状，2~3d后，口腔、咽、喉、鼻腔、食管黏膜、气管及支气管等部位出现黄白色小结节，逐渐增大相互融合，形成黄白色干酪样假膜（俗称白喉），假膜为坏死的黏膜和炎性渗出物凝固组成。随着病情的加重，假膜阻塞口腔和咽喉部，造成呼吸和吞咽困难，终因饥饿或窒息而死。

2. 皮肤型

病重的雏禽精神萎靡，食欲减退，体重减轻，甚至死亡；产蛋鸡产蛋减少或停止。

皮肤型的特征是在身体无毛部位，如冠、肉髯、嘴角、眼睑、腿、泄殖腔和翅的内侧等部位形成一种特殊的痘疹。

最初痘疹为细小的灰色麸皮状覆盖物，随后体积迅速增大，形成如豌豆大灰色或灰白色的结节，痘疹表面凹凸不平，结节坚硬而干燥，内含黄脂状糊块，有时结节很多相互融合，最终变为棕黑色的痘痂，突出于皮肤表面，脱落后形成一个平滑的灰白色瘢痕而痊愈。

3. 眼鼻型

本型常伴黏膜型发生。

病禽眼结膜发炎，眼和鼻孔中流出水样液体，后变成淡黄色浓稠的脓液；病程稍长时，眶下窦有炎性渗出物蓄积，眼睑肿胀，结膜充满脓性或纤维性蛋白渗出物，有时可挤出干酪样凝固物，引发角膜炎造成失明。

4. 混合型

同时发生以上两种或两种以上的类型，一般病情严重，死亡较多，以上不同类型的症状均可出现。

四、病理变化

1. 黏膜型（白喉型）

口腔、咽喉、气管或食管黏膜有黄白色小结节，然后形成黄白色干酪样假膜，假膜可以剥离，剥离后气管表面呈浅红色出血，当病情危害到支气管时引起肺炎。

2. 皮肤型

皮肤型特征病变是局部表皮及其下层的毛囊增生形成结节。

痘疹表面凹凸不平，结节坚硬而干燥，切开结节内面出血、湿润，结节脱落后形成一个平滑的灰白色瘢痕。

3. 眼鼻型

眼结膜发炎、潮红，切开眶下窦，内有炎性渗出物蓄积；切开眼部肿胀部位，可见黄白色干酪样凝固物。

4. 混合型

混合型禽痘出现以上两种或两种以上的症状。

五、防治

1. 预防

预防本病最有效的方法是接种疫苗。鸡痘鹌鹑化弱毒疫苗最为常用，一般采用羽膜刺种法。操作方法：用消毒过的刺种笔蘸取疫苗，在翅膀内侧无血管处皮下刺种1~2下，刺种后7d左右，需要检查刺种效果，如果刺种部位产生痘痂，说明有效。否则，必须再刺种1次。

加强饲养管理，饲喂优质饲料，搞好环境卫生，饲养密度适中，通风良好，定期消毒与临时消毒相结合，尽量避免蚊虫叮咬及各种原因引起的啄癖或机械性外伤等措施可以降低发病率。

2.治疗方案

治疗禽痘目前尚没有特效的药物，但采取疫苗紧急接种和中西医结合原则治疗有效，对剥离的痘痂、假膜等集中销毁，以防病毒的扩散。

（1）发病后用鸡痘鹌鹑化弱毒疫苗4倍量紧急刺种或新城疫Ⅰ系2倍量肌内注射。

（2）疫苗接种24h后，抗微生物药饮水或拌料控制细菌的继发感染，饮水中加入干扰素等，饲料中添加优质鱼肝油（鱼肝油可促进黏膜的再生，提高机体的抵抗力）或复方维生素纳米乳口服液等措施利于本病的康复。

（3）中药制剂辅助治疗

【处方1】龙胆草90g，板蓝根60g，升麻50g，金银花40g，野菊花40g，连翘30g，甘草30g。

【用法与用量】加工成细粉，按每只鸡每天1.5g拌入饲料内分上、下午集中喂服。

【应用】用本方治疗混合型鸡痘。

【处方2】金银花20g，连翘20g，板蓝根20g，赤芍20g，葛根20g，蝉蜕10g，甘草10g，桔梗10g，竹叶10g。

【用法与用量】水煎取汁，供100只鸡混饲或混饮，连用3d。

【应用】用本方治疗鸡痘效果良好，适用于混合型鸡痘。

【处方3】板蓝根75g，麦冬50g，生地黄50g，牡丹皮50g，连翘50g，莱菔子50g，知母25g，甘草15g。

【用法与用量】水煎制成1 000mL药液，供500只鸡拌料混饲或灌服。

【应用】用本方治疗鸡痘效果显著，适用于黏膜型鸡痘。

【处方4】栀子100g，牡丹皮50g，黄芩50g，金银花80g，黄柏80g，板蓝根80g，山豆根50g，苦参50g，白芷50g，皂角50g，防风50g，甘草100g。

【用法与用量】按每只鸡每天0.5~2g水煎取汁，拌料混饲，连用3~5d。

【应用】用本方治疗鸡痘效果良好，适用于皮肤型鸡痘。

【处方5】荆芥9g，防风9g，蒲公英15g，黄芩12g，栀子12g，大黄10g，川芎9g，赤芍9g，甘草10g。

【用法与用量】水煎取汁供50只鸡饮服或粉碎后拌料喂服。

【应用】用本方治疗鸡痘7~10d后治愈。

【处方6】黄芪30g，肉桂15g，槟榔30g，党参30g，贯众30g，何首乌30g，山楂30g。

【用法与用量】加水适量煮沸30min，取汁供50只成鸡拌料喂服或饮水，每天2~3次。

【应用】用本方治疗鸡痘治愈率达95%，一般2~3剂治愈。

【处方7】野菊花50g，连翘50g，金银花60g，黄连20g，黄柏60g，蒲公英50g，紫花地丁50g，柴胡50g，白芷50g，板蓝根50g。

【用法与用量】煎水，供100kg病鸡自饮或灌服。

【应用】用本方治疗鸡痘收到很好的疗效。

【处方8】金银花70g，栀子90g，板蓝根70g，牡丹皮70g，山豆根80g，白芷60g，防风70g，桔梗50g，黄芩70g，黄柏80g，升麻100g，葛根50g，紫草60g，甘草80g。

【用法与用量】共为细末，按每只鸡1~2g投服或拌料喂服。

【应用】用本方治疗病鸡1 300只，其中皮肤型980只，黏膜型320只，总治愈率分别为98%和95%，一般用药2~4d即愈。

【处方9】紫草60g，龙胆末30g，明矾60g。

【用法与用量】先将紫草用水浸泡20min，再用文火煎1h，过滤去渣取汁，加入明矾和龙胆末，再用慢火熬20min，供100只鸡每天早、晚两次喂服。

【应用】用本方治疗鸡痘效果很好。

禽痘图

黏膜型：伸颈张口呼吸

黏膜型：黄白色假膜堵塞喉头

黏膜型：假膜布满喉头

黏膜型：喉头及气管形成痘斑

黏膜型：口腔及喉头处痘斑引起喉头堵塞

黏膜型：腭裂及口角形成痘斑

黏膜型：上腭裂及其喉头形成痘斑，导致呼吸道阻塞

黏膜型：气管内形成假膜，凸出于气管表面

黏膜型：结膜形成痘斑

皮肤型：鸡冠上形成痘斑

皮肤型：肉髯、鼻端、嘴角、眼等处形成痘斑

皮肤型：黑色痘疹凸出于鸡冠表面

皮肤型：肉色痘疹凸出于皮肤表面

皮肤型：鸡爪的痘疹严重凸出

眼鼻型：病情严重时导致失明

混合型：面部肿胀，无毛处形成痘斑，失明

鸽痘图

肉髯、鼻端、嘴角、眼等无毛处形成痘斑

鸽爪痘斑严重突出

第九节 传染性腺胃炎

一、概述

传染性腺胃炎是一种以鸡生长不良、消瘦、整齐度差，腺胃肿大如乳白色球状，腺胃增厚，腺胃乳头凹陷、出血、溃疡及肌胃糜烂为主要特征的禽病。目前肉鸡及青年蛋鸡发病呈上升趋势，成年蛋鸡也发生。该病病程长，死淘率高，给养殖业造成了很大的损失。本书只做描述，不做任何定论。

二、流行病学

本病的病原说法不一，有报道称在腺胃病变中观察及分离到的病毒有多种如传染性支气管炎病毒、呼肠孤病毒及网状内皮增生病毒等。

各种日龄的鸡群均可感染本病，成年蛋鸡很少感染，多发生于20～60日龄肉鸡以及35日龄以内的青年蛋鸡。

病程不等，一般为10～15d，长者可达35d，发病后5～8d为死亡高峰，耐过鸡生长速度缓慢，死淘率高。

三、临床症状

精神沉郁，缩头垂尾，翅下垂，羽毛蓬乱不整，采食量及饮水量减少。
机体苍白，生长迟缓或停滞，极度消瘦，体重差异显著。
有些鸡流泪、肿眼、咳嗽，拉白色或绿色稀粪，粪便中常有未消化的饲料。

四、病理变化

腺胃肿大如球，呈乳白色、灰白色格状外观。
腺胃壁增厚、水肿，指压可流出浆液性液体。
腺胃黏膜肿胀、变厚，乳头肿胀、出血、溃疡，有的乳头已融合，界线不清。
肌胃、胸腺、脾脏及法氏囊萎缩，肠道有不同程度的出血性炎症。

五、病因

目前关于本病的诱发因素分为传染性因素和非传染性因素。现简单介绍如下：

1. 传染性因素

鸡痘（尤其是眼鼻型鸡痘）是腺胃炎发病的重要原因。

传染性支气管炎、传染性喉气管炎、各种细菌病或通风不良等引起的眼炎、雏鸡开口药使用方法不当等都会诱发腺胃炎。

现在一些垂直传播的病原可能也是该病的诱因，如网状内皮增生症、鸡贫血因子、马立克病等。

2. 非传染性因素

日粮中所含的生物胺、日粮原料（如堆积的鱼粉、玉米、豆粕、维生素、预混料、脂肪、禽肉粉和肉骨粉等）含有高水平的生物胺，这些生物胺对机体具有毒害作用。

饲料营养不平衡，蛋白质低、维生素缺乏等都是发病的诱因。

各种毒素尤其 T2 毒素、肾毒素、圆弧酸等可造成腺胃肿大、黏膜增生或溃疡，肌胃角质层脱落等。

六、防治

搞好环境卫生，做好环境消毒，针对主要病原进行相应的免疫接种，雏鸡从 1 日龄使用凝结芽孢杆菌或葡萄糖氧化酶等饮水，有助于将该病发病率控制在最低。

消除日粮中各种真菌及其毒素、生物源性氨基酸（包括组胺、组氨酸、尸胺等）等是防治腺胃炎发生的重要措施。

因本病病因复杂，鸡群发病后应采取对症治疗的原则。目前笔者采用中西医结合的方法进行试治效果显著：抗微生物药、复合维生素 B、干扰素或白介素等饮水；中药按照生地黄 9g，白头翁 12g，蒲公英 9g，黄连 9g，板蓝根 12g，黄芩 9g，黄柏 9g，金银花 9g，甘草 6g，鱼腥草 12g，焦山楂 15g，炒麦芽 15g 的比例配制，然后将中草药浸泡 30min，煎煮后供 200 只鸡饮用，连用 5d。

★ **知识点**：目前肌胃炎发生率越来越高。一般来说，先发生腺胃炎，后发生肌胃炎，有时 1 日龄雏鸡即可出现腺胃乳头水肿，肌胃角质层脱落、角质层有溃疡，腺胃与肌胃交界处黏膜脱落等症状。一般与霉菌污染关系较大。

鸡的传染性腺胃炎病图

消瘦，羽毛蓬乱，精神沉郁

腺胃肿胀如球状，呈乳白色，肌胃与腺胃交界处变薄

腺胃与肌胃交界处变薄，严重时穿孔

腺胃胃壁增厚，乳头凹陷、出血，腺胃与肌胃交界处出血

腺胃乳头水肿、出血

腺胃乳头出血、坏死，形成溃疡，严重时胃穿孔

第十节　产蛋下降综合征

一、概述

产蛋下降综合征是由腺病毒Ⅲ群中的病毒引起的，以产蛋率下降、蛋壳异常、无壳蛋增多为主要特征的一种急性病毒性传染病，本病给养鸡业带来较大的经济损失。

本病主要发生于产蛋高峰期的产蛋鸡，特点就是在饲养管理条件正常的情况下，蛋鸡产蛋率达到高峰时产蛋率突然下降，或蛋鸡不能达到产蛋高峰，短期内出现大量的软壳蛋、无壳蛋、薄壳蛋及畸形蛋，蛋壳表面不光滑，表面有灰白色或灰黄色粉状物。

二、流行病学

传染源：病鸡、带毒鸡及带毒的水禽。

传播途径：垂直传播和水平传播。实验证明感染母鸡所产蛋孵出的鸡苗，在肝脏中可回收到产蛋下降综合征病毒；病鸡的输卵管、泄殖腔、粪便、肠道内容物都能分泌病毒，并向外排毒传染给易感鸡，因此水平传播也是主要的传播方式。

易感动物：任何年龄的鸡均可感染，但产蛋高峰的鸡最易受感染。

传播媒介：病毒污染过的鸡蛋、水源、饲料、工具及人员等均可成为感染的媒介。

鸡群发病可能与雏鸡阶段感染传染性支气管炎、呼肠孤病及慢性呼吸道病等有关。

三、临床症状

通常26~36周龄产蛋鸡突然全群产蛋下降，比正常下降20%~50%。

病初蛋壳的色泽变淡，接着伴随薄壳蛋、软壳蛋、无壳蛋、小蛋和畸形蛋增多，蛋壳粗糙如沙粒状，变薄易碎，破损率高达40%等。

产蛋下降持续4~10周后逐渐恢复正常，受精率和孵化率不受影响；部分病鸡减食、腹泻、贫血、羽毛蓬乱、精神呆滞等。

四、病理变化

输卵管水肿、萎缩或黏膜出血呈卡他性炎症，卵巢萎缩或出血，子宫黏膜发炎，蛋白如水，蛋黄色淡，或蛋白中混有血液等。

五、防治

1. 预防

疫苗接种是预防本病的关键措施，雏鸡做好传染性支气管炎、慢性呼吸道病及呼肠孤病等的预防，严格执行兽医卫生措施，建立无疫病鸡场等措施可降低发病率。

2. 治疗方案

（1）抗微生物饮水或拌料控制细菌的继发感染，干扰素或白介素等细胞因子饮水，饲料中添加多种维生素或鱼肝油或复方维生素纳米乳和蛋氨酸辅助治疗。

（2）选择清热解毒、益气健脾、活血祛痰、补肾强体的中药制剂治疗。

【处方1】激蛋散

虎杖100g，丹参80g，菟丝子60g，当归60g，川芎60g，牡蛎60g，地榆50g，肉苁蓉60g，丁香20g，白芍50g。

【用法与用量】混饲，鸡10g/kg饲料。

【处方2】健鸡散

党参20g，黄芪20g，茯苓20g，六神曲10g，麦芽10g，炒山楂10g，甘草5g，炒槟榔5g。

【用法与用量】混饲，鸡20g/kg饲料。

【处方3】降脂增蛋散

刺五加50g，仙茅50g，何首乌50g，当归50g，艾叶50g，党参80g，白术80g，山楂40g，六神曲40g，麦芽40g，松针200g。

【用法与用量】混饲，鸡5～10g/kg饲料。

【处方4】板蓝根当归散

板蓝根60g，当归60g，苍术40g，黄连60g，金银花100g，六神曲70g，麦芽90g，诃子20g。

【主治】清热解毒，湿热内蕴胞宫所致的蛋鸡产蛋功能下降。

【用法及用量】混饲，鸡每千克饲料20g，连用7d。

【处方5】黄连30g，黄柏30g，黄芩30g，金银花30g，大青叶30g，板蓝根30g，黄药子30g，白药子30g，甘草50g。

【用法与用量】将上药加水5 000mL煎汁，加白糖1kg，供500只鸡一次饮服。每天1剂，连用3～5剂。

【应用】用本方治疗鸡减蛋综合征收到满意疗效，可有效恢复产蛋率。

【处方6】牡蛎60g，黄芪100g，蒺藜30g，山药30g，枸杞子30g，女贞子20g，菟丝子20g，龙骨15g，五味子15g。

【用法与用量】共研细末。按日粮的3%～5%比例添加，拌匀，再加入50%～70%的饮用水，拌混后饲喂，每天2次，连用3～5d为1个疗程。

【应用】用本方治疗鸡减蛋综合征效果良好。喂药后给予充足饮水，一般2个疗程可治愈。

鸡的产蛋下降综合征病图

薄壳蛋、砂壳蛋、破壳蛋

蛋壳褪色、粗糙、变薄、易破碎

软壳蛋、畸形蛋

输卵管黏膜出血

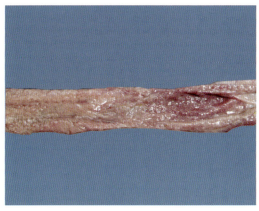
输卵管黏膜出血、糜烂

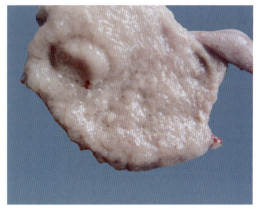
子宫部水肿呈水疱样

第十一节 鸡包涵体肝炎

一、概述

鸡包涵体肝炎又称为贫血综合征,是由禽腺病毒引起的一种急性传染病,其特征为死亡突然增加,贫血,黄疸,肝肿大、出血等。

二、流行病学

传染源:病鸡和带毒鸡。

传播途径:垂直传播和水平传播。本病可通过发育鸡胚垂直传播,一旦传入,很难消除;也可通过接触病鸡或被病鸡污染过的鸡舍、饲料、饮水等经消化道而传染。

易感动物:只有鸡易感,5周龄鸡最易感。

流行特点:本病多发于4~10周龄的鸡,肉鸡多发,产蛋鸡很少发病,以3~9周龄的鸡最常见。包涵体肝炎若继发细小病毒病、鸡贫血因子、马立克病、白血病、支原体病、大肠杆菌病或坏死性肠炎,导致病情加剧,病死率上升,种禽淘汰率增高。

三、临床症状

自然感染潜伏期1~2d,病程一般为10~14d。

病鸡发病迅速,突然死亡,精神沉郁,嗜睡,肉髯褪色,皮肤呈黄色,皮下有出血,拉水样稀粪,3~5d达死亡高峰,5d后死亡减少或逐渐停止。

蛋鸡产蛋率下降、腹泻等。

四、病理变化

肝脏肿大,质脆易裂,呈点状或斑驳状出血,或隆起坏死灶散在。

肾脏肿胀呈灰白色,有出血点散在。

脾脏有白色斑点状和环状坏死灶散在。

骨髓呈灰白色或黄色或呈桃红色。

有的法氏囊萎缩,胸腺水肿,胸肌和腿肌苍白并有出血斑点,皮下组织、脂肪和肠浆膜、黏膜等出血。

五、防治

目前对鸡包涵体肝炎尚无有效疗法，净化种群是最重要的控制措施。

发病后，采用抗微生物药控制细菌继发感染，微量元素、复合维生素配合龙胆草、茵陈、黄芩、大青叶、板蓝根等中药各等份，按照 1%~1.5% 比例拌料，连用 10 天。

鸡包涵体肝炎病图

肝脏有大小不等的出血斑，肝脏颜色变淡

骨髓变黄，下为正常对照组

急性出血性肠炎

第十二节　禽心包积液-肝炎综合征

一、概述

禽心包积液-肝炎综合征是以心包积液，肝脏肿大、出血，肾脏肿大、出血，肺脏出血、坏死为主要特征的疾病，后证实为禽腺病毒Ⅰ群感染。本书只做描述，不做任何定论。

二、流行病学

本病以水平传播为主，传播速度快；不同品种禽均可发病，肉鸡、肉杂鸡、麻鸡、地方土鸡及青年鸡多发，肉鸭及肉鸽也发病；发病日龄不等，15～70日龄多发，最早可见6日龄发病，300多日龄的蛋鸡也发病；病程持续20d左右，发病率、死亡率与发病日龄、饲养环境等有较大关系，发病日龄越早，死亡率越高；若与沙门杆菌病、大肠杆菌病、慢性呼吸道病、传染性浆膜炎、禽流感、新城疫等混合感染则死亡率增加。

三、临床症状

病初个别或极少数禽精神不振，呆立，对外界刺激不明显，采食量下降或不食，渐进性消瘦，零星死亡，个别有呼噜症状，接着发病率上升，死亡率增加，严重感染时全群死亡。

四、病理变化

心包积液或心包内有果冻样黄色物，积液高达15mL，心肌疲软等。
肝脏肿大，色淡，有出血条带。
肾脏肿大、苍白或色淡略黄、出血等。
腺胃乳头及腺胃、肌胃交界处出血，出血性肠炎，盲肠扁桃体出血等。
气管轻微环状出血，肺脏充血、局部坏死等；胰腺变性呈苍白色。

五、防治

1. 预防

采用当地分离株制备的疫苗接种是控制本病的关键措施，而加强饲养管理，做好通风换气及保温工作，供应优质饲料，严格消毒等措施是预防本病的重要手段。

2. 治疗方案

（1）发病初期： 采用茯白散（板蓝根15～25g，白芍10～20g，茵陈20～30g，龙胆草10～15g，党参7.5～15g，茯苓7.5～15g，黄芩10～20g，苦参10～20g，甘草10～30g，车前草10～30g，金钱草15～45g）治疗，剂量： 0.5～2.0g/只，每天1次，连用5d。

（2）病情严重时：采用当地病死鸡的心包积液、肺脏、脾脏、肝脏、肾脏等病料做成的组织苗，肌内注射。

治疗期间，配合复合B可溶性粉和维生素C饮水或拌料。

鸡的心包积液－肝炎综合征病图

肝脏肿大、色淡，局部坏死

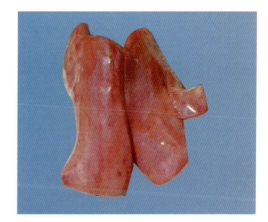

肝脏肿大、出血

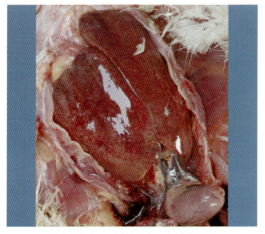

肝脏肿大，点状出血，局部坏死

肝脏肿大，局部有坏死，心包积液

肝脏高度肿大，心包膜增厚，心包内有黄色果冻样物

肝脏肿大，有出血条带，心包积液

肝脏肿胀、出血，心包积液，积液呈淡黄色，积液高达 15mL

心包积液，心外膜出血；肝脏肿大、出血，有白色坏死点散在

心包积液，心肌有出血点；肝脏肿大，有坏死灶散在

心包积液，肝脏肿大、出血

第一章 病毒性疾病

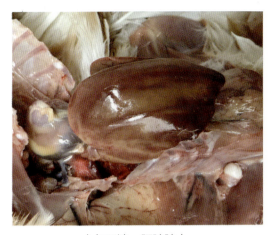

心包积液，肝脏肿大

肌胃与腺胃交界处出血；心包积液；肝脏肿大，有出血点散在

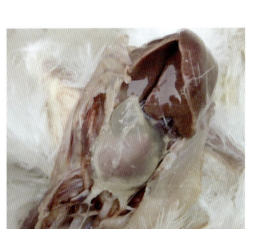

心包积液

肺脏出血，局部坏死

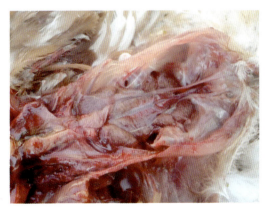

肺脏出血；肾脏肿大、出血，输尿管内有白色尿酸盐沉积

肺脏有出血斑；肾脏肿大、出血，输尿管内有尿酸盐沉积

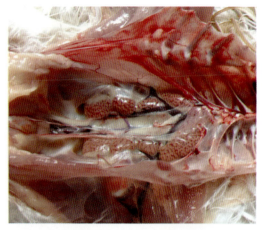
肾脏肿大、出血，呈斑驳状

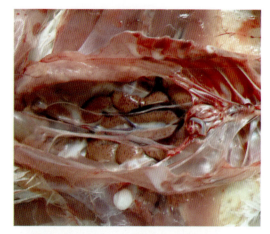
肾脏出血、色淡，输尿管内有尿酸盐沉积

鸭的心包积液－肝炎综合征病图

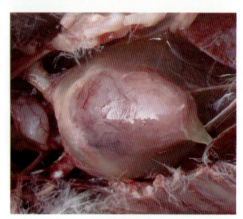
心包积液

心包积液，肝脏肿大、出血、坏死

腺胃乳头出血

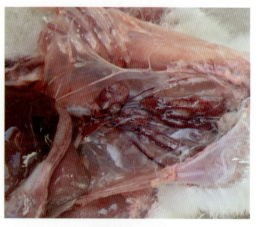
肾脏肿大、出血

第十三节 马立克病

一、概述

马立克病是最常见的一种淋巴组织增生性疾病，以内脏器官、肌肉、皮肤肿瘤形成和周围神经的淋巴细胞浸润为特征，分为4种类型，即内脏型、神经型、皮肤型和眼型。

二、流行病学

传染源：病鸡和带毒鸡。
传播途径：病毒通过直接或间接接触经空气传播。
易感动物：自然宿主是鸡，其他禽很少发生马立克病，肉鸡易感性大于蛋鸡。
流行特点：感染鸡的不断排毒和病毒对环境的抵抗力增强是本病不断流行的原因，病毒主要侵害雏鸡，日龄越小感染性越强，一般雏鸡阶段感染，育成期以后发病，发病则主要集中在2～5月龄的鸡，本病会造成免疫抑制，一般来说发病率和死亡率几乎相等，一旦发病立即淘汰。

最近几年，因毒力极强的马立克病病毒的存在，致使发病日龄提前，最早在30～50日龄就开始发病（肉鸡），给本病的防治带来新的问题。

三、临床症状

1. 内脏型

病鸡精神委顿，鸡冠苍白，蹲伏，不食，脱水，腹泻，消瘦，甚至昏迷，单侧或双侧肢体麻痹，触摸腹部有坚实的块状感。

2. 神经型

病鸡步态不稳，病初不全麻痹，后期则完全麻痹，蹲伏或一腿前伸另一腿后伸。
颈部神经受侵害时，头下垂或头颈歪斜；臂神经受侵害时则翅膀下垂；迷走神经受侵害时，引起失声、呼吸困难和嗉囊扩张。
因饥饿、腹泻、脱水、消瘦，衰竭而死。

3. 皮肤型

病鸡翅膀、颈部、背部、尾上方和腿的皮肤上羽囊肿大，形成米粒至蚕豆大的结节及瘤状物。

4. 眼型

病鸡虹膜色素褪色，由橘红色变为灰白色，称为灰眼病。

瞳孔边缘不整齐，瞳孔缩小，视力丧失。

单眼失明的病程较长，衰竭而死。

四、病理变化

1. 内脏型

卵巢、肝、脾、肾、心、肺、肠、肠系膜及腺胃等部位形成形状不一、大小不等的灰白色肿瘤结节，肿瘤结节质地较硬，切面呈灰白色。

部分病例为弥漫性肿瘤，即无明显的肿瘤结节，但受害器官高度肿大。

法氏囊不发生肿瘤，法氏囊和胸腺有不同程度的萎缩。

2. 神经型

最恒定的病理变化是外周神经，以腹腔神经丛、前肠系膜神经丛、臂神经丛、坐骨神经群和内脏大神经最常见。受侵害的神经比正常肿大2～3倍，且呈水煮样，神经上面有小的结节，使同一条神经变得粗细不均，神经纹消失，神经的颜色也由正常的银白色变为灰白色或灰黄色。

3. 皮肤型

皮肤有大小不等、高低不平的肿瘤结节，有的破溃、坏死等。

4. 眼型

马立克病病鸡的病变与生前所见相同。

五、防治

疫苗接种是防治本病的关键，而选生产性能好的抗病品系鸡是未来防治本病的研究方向，严格执行兽医卫生措施。一旦发病没有任何治疗价值，病鸡应及早淘汰。

马立克病图

内脏型：肠道、腺胃及脾脏形成肿瘤

内脏型：肠及肠系膜上形成肿瘤结节

第一章 病毒性疾病

内脏型：肠道多处形成肿瘤

内脏型：盲肠和直肠形成白色肿瘤

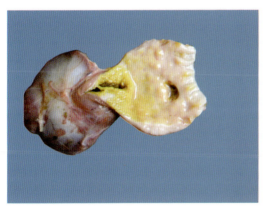

内脏型：腺胃形成肿瘤，呈火山口样病变

内脏型：龙骨处胸肌末端形成肿瘤

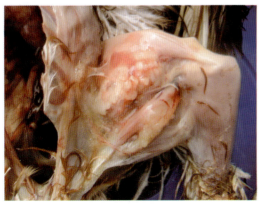

内脏型：腿内侧肌肉形成肿瘤

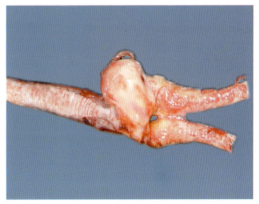

内脏型：喉头处形成肿瘤

85

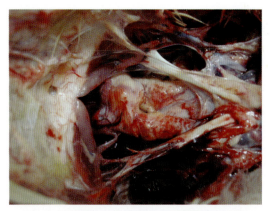

内脏型：支气管处形成肿瘤

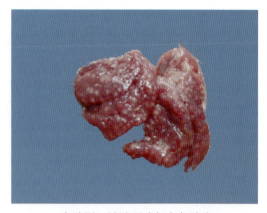

内脏型：肺脏形成灰白色肿瘤

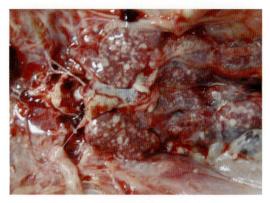

内脏型：肾脏形成白色密集的肿瘤

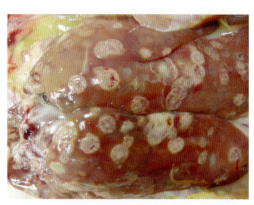

内脏型：肝脏形成大小不一的肿瘤，并且肝脏的体积明显增大

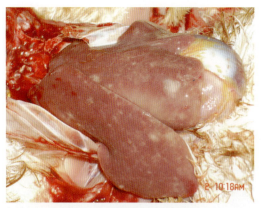

内脏型：初期肝脏表面可见稀疏分布的、大小不一的肿瘤病灶

内脏型：后期肝脏形成大小不一的白色肿瘤，凸出于肝脏

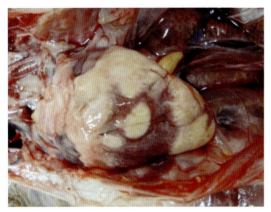

内脏型：心脏形成大小不一的白色肿瘤

内脏型：脾脏肿大，形成豌豆粒大小的白色肿瘤

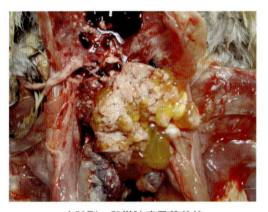

内脏型：卵巢肿瘤呈菜花状

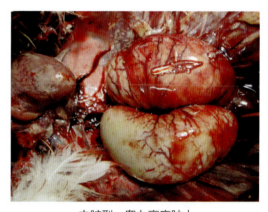

内脏型：睾丸高度肿大

神经型：瘫痪，卧地不起，劈叉

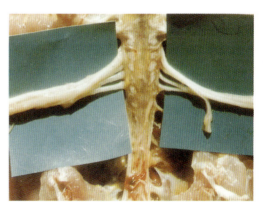

神经型：坐骨神经肿胀变粗，神经纤维横纹消失，呈白色或黄白色

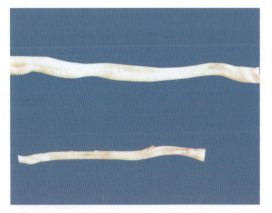

神经型：坐骨神经肿胀变粗，神经纹消失，神经呈白色或灰黄色（下为正常）

皮肤型：肉垂形成肿瘤结节

皮肤型：腿部无毛皮肤处形成大小不一的肿瘤结节

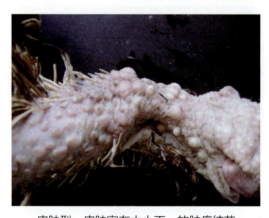

皮肤型：皮肤密布大小不一的肿瘤结节

眼型：虹膜呈灰黄色，瞳孔边缘不整齐

眼型：失明，瞳孔呈锯齿状

第十四节 鸡病毒性关节炎

一、概述

病毒性关节炎又名传染性腱鞘炎、腱滑膜炎等,是由呼肠孤病毒引起鸡的以关节炎和腱滑膜炎为特征的一种传染病,主要发生于肉仔鸡。

本病因运动障碍导致生长迟缓,淘汰率增加,给养鸡业带来极大的经济损失。

二、流行病学

传染源: 病鸡和带毒鸡是主要传染源。

传播途径: 既可水平传播,也可垂直传播(种蛋感染)。

易感动物: 鸡和火鸡是本病唯一的宿主,鸟类也可感染。

流行特点: 各日龄鸡均可发病,4~6周龄鸡多发,肉用型或肉蛋兼用型等体形较大鸡相对于蛋鸡多发,某些疾病如球虫病、传染性法氏囊病的发生,可促进本病发生与流行。

三、临床症状

本病分为腱鞘炎型和败血型两种类型。

1. 腱鞘炎型

以关节炎、腱鞘炎为特征。

急性发病鸡单侧或双侧性跖、跗关节肿胀。

慢性发病鸡跖骨歪曲,趾向后屈曲,步态不稳,跛行或单侧跳跃,不愿走动,喜坐在关节上,导致顽固性跛行,终因运动障碍,缺乏营养和水分,陆续衰竭而死。

2. 败血型

病鸡精神委顿,全身发绀、脱水,鸡冠齿端软而下垂,呈紫色;产蛋鸡感染后,产蛋率下降10%~20%。

四、病理变化

急性病例: 跗关节周围肿胀,关节上部腓肠肌腱水肿,趾屈腱和腓肠肌腱周围水肿,关节腔有混浊的渗出液或充满淡红色透明黏液。

慢性病例：腓肠肌腱增厚、硬化、纤维化或关节周围组织与滑膜脱离，易发生腓肠肌腱断裂，因肌腱断裂，局部组织呈明显的血液浸润，关节腔中淡红色关节液增加或关节腔内渗出物较少，关节软骨糜烂，滑膜出血、坏死等。

五、防治

病毒性关节炎尚无有效治疗方法，免疫接种是预防本病的主要手段，平时加强饲养管理及舍内外消毒。若发现病情，将病鸡集中隔离饲养，症状严重的淘汰，以免扩大感染面。

鸡病毒性关节炎图

运动障碍，如瘫痪

跗关节肿胀

跗关节、趾关节形成隆起的结节

跗关节水肿、出血

肌腱肿胀、出血、坏死和断裂

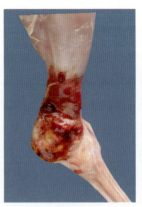

屈伸筋腱出血

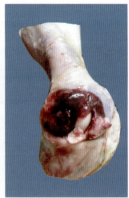

屈伸筋腱断裂

第十五节　禽脑脊髓炎

一、概述

禽脑脊髓炎又名流行性震颤，是由病毒引起的一种地方流行性传染病，以腿软无力、运动失调和头颈部震颤为特征。

二、流行病学

传染源：病鸡和带毒鸡。

传播途径：既可以垂直传播，也可以水平传播。病毒污染的饲料、饮水、器械、垫料、孵化器均可成为传播的来源。

易感动物：鸡、雉、鹌鹑、火鸡和珍珠鸡等可自然感染，鸡最易感。

流行特点：本病实质上是一种肠道感染，粪便排毒可持续数天，病毒对环境的抵抗力极强，传染性可保持很长时间。

本病垂直传播的雏鸡潜伏期1~7d，水平传播的潜伏期12~30d，若出壳前鸡胚阶段感染则出壳后发病，一般1~6周龄雏鸡多发，发病率一般为60%~80%，病死率为30%~60%，火鸡也感染但症状不明显，蛋鸡产蛋率下降，畸形蛋、小蛋增多等。

三、临床症状

雏鸡以共济失调、两腿麻痹和头颈部震颤为特征；蛋鸡产蛋率暂时下降且无神经症状。

病初精神沉郁，目光呆滞，步态不稳，趾向外侧弯曲，拍打翅膀或以跗关节着地向前移动，随后倒地侧卧，震颤明显，受惊吓或人工刺激时可激发震颤，严重时伴有衰弱的呻吟，终因饮食受困，衰竭而死。

四、病理变化

腺胃、肌胃的肌层及胰腺中有许多淋巴细胞团块浸润所形成的白色小灶，比针尖略大。脑膜充血、出血，小脑软化出血、水肿积液等。

五、防治

鸡脑脊髓炎弱毒苗和灭活苗接种是预防的最佳方法。平时加强饲养管理，及时消毒，严禁从疫区引进鸡苗和种蛋。种鸡感染本病后1个月内所产的蛋不得孵化，对发病鸡应挑出淘汰，全群用抗鸡传染性脑脊髓炎的卵黄抗体作肌内注射，每只雏鸡0.5～1mL，1d 1次，连用2d。

发病后按照对症治疗的原则进行治疗，如碳酸氢钠饮水降低脑内压；维生素C、维生素E、维生素K_3饮水减少细胞渗出、止血；干扰素、白介素等细胞因子饮水抑制病毒复制，抗微生物药控制细菌继发感染，采用清热解毒中药方剂煎煮后饮水，如鱼腥草9g、板蓝根9g、穿心莲叶9g，0.5～3.0g/只。

禽脑脊髓炎病图

早期感染引起失明

康复鸡眼晶状体颜色变浅，瞳孔扩大，失明

角膜混浊

强烈痉挛，头向后仰，头颈偏扭，共济失调

瘫痪，头部震颤

脑膜出血

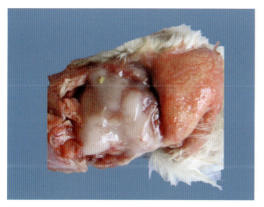
小脑软化

病鸡所产种蛋孵化后，死胚多，毛蛋多

第十六节 禽白血病

一、概述

禽白血病是由禽C型反录病毒群的病毒引起的禽类多种肿瘤性疾病的统称。在临床以淋巴白细胞病最为常见。本病发病率呈上升趋势，几乎波及所有的商品鸡群，蛋鸡产蛋率下降，一旦感染，没有任何治疗价值，白血病已经给养鸡业造成了严重的损失。

二、流行病学

传染源：自然情况下感染鸡，病鸡和带毒鸡是主要传染源。

传播途径：既可以水平传播，也可以垂直传播。感染病毒的种鸡经蛋排毒给鸡胚，使初生雏鸡感染，使其终身带毒。

易感动物：日龄越小越易感，AA鸡和艾维茵鸡易感性高，罗斯鸡、新布罗鸡和京白鸡易感性较低，母鸡比公鸡易感。

流行特点：4～10月龄的鸡多发，常引起免疫抑制，而寄生虫病、维生素缺乏、管理不良等因素都可诱发本病。

三、临床症状

临床中分为淋巴细胞性白血病、成红细胞性白血病、成髓细胞性白血病、骨髓细胞瘤病、骨硬化病等类型，以淋巴细胞性白血病最为普遍。

1. 淋巴细胞性白血病

本病是最常见的一种病型，14周龄以后开始发病，在性成熟期发病率最高。

病鸡精神委顿，鸡冠及肉髯苍白、皱缩，偶见发绀，全身衰弱，食欲减退或废绝，腹泻、进行性消瘦和贫血，衰竭而死。

蛋鸡产蛋停止，腹部常明显膨大，用手按压可摸到肿大的肝脏，最终衰竭死亡。

2. 成红细胞性白血病

分为增生型和贫血型，此病比较少见，常发生于6周龄以上的高产鸡。

病程从12d到几个月不等。

病鸡消瘦、下痢，冠稍苍白或发绀，全身衰弱，嗜睡。

3. 成髓细胞性白血病

此型很少自然发生。病鸡嗜睡、贫血、消瘦、毛囊出血，病程比成红细胞性白血病长。

4. 骨髓细胞瘤病

此型自然病例极少见。其全身症状与成髓细胞性白血病相似。

5. 骨硬化病

病鸡发育不良、苍白、行走拘谨或跛行，晚期病鸡的骨呈特征性的长靴样外观。

6. 其他类型

其他类型如血管瘤、肾瘤、肾胚细胞瘤、肝癌和结缔组织瘤等，自然病例均极少见。

四、病理变化

1. 淋巴细胞性白血病

肝、脾、肾、法氏囊、心肌、性腺、骨髓、肠系膜和肺等多处形成肿瘤结节或弥漫性肿瘤，灰白色到淡黄白色，大小不一；骨髓褪色呈胶冻样或黄色脂肪浸润。

2. 成红细胞性白血病

贫血型和增生型均为全身性贫血，皮下、肌肉和内脏有点状出血。

贫血型内脏常萎缩，脾脏萎缩最严重，骨髓色淡呈胶冻样，血液中仅有少量未成熟细胞。

增生型肝、脾、肾弥漫性肿大，呈樱桃红色到暗红色，有的剖面有灰白色肿瘤结节。

3. 成髓细胞性白血病

骨髓坚实，呈红灰色至灰色，肝脏及其他内脏有灰色弥漫性肿瘤。

4. 骨髓细胞瘤病

骨髓细胞瘤呈淡黄色，柔软脆弱或呈干酪状，呈弥散或结节状，且多两侧对称。

5. 骨硬化病

骨干或骨干长骨端区有均一或不规则的增厚。

五、防治

本病控制尚无切实可行的方法，建立无白血病的种鸡群是控制本病的最有效措施。平时加强饲养管理，对鸡舍、孵化设备、种蛋、育雏环境等严格消毒，以减少种鸡群的感染率。

据报道，采用中药进行试治，具有很好的疗效。

【处方】黄芪、猪苓、薏苡仁、当归、淫羊藿、麦冬、丹参、郁金、茵陈、木香、艾叶、瓜蒌。

【用法与用量】粉碎过20目（目为非法定计量单位，指每平方英寸上的孔数）筛，按每只鸡每天1.5g拌入饲料内喂服。个别减食鸡直接投服，7d为1个疗程。

【应用】用本方治疗鸡淋巴性白血病，连用2个疗程治愈，8周后产蛋率恢复至64%。为提高产蛋率，又在原方的基础上稍稍做了调整，重用补中益气类药，连服7d，产蛋率上升到87%。

鸡的白血病图

腿部变粗，呈石灰腿状

骨石症

骨硬化病使胫骨呈长靴样

腹部易摩擦部位形成血囊肿，易破裂，常流血不止而死

爪部形成血囊肿

血囊肿破裂后，流血不止

胸骨前端形成血管瘤

眼部形成血管瘤

下颚部形成较大的血管瘤

胸部形成血管瘤

甲状腺形成肿瘤

龙骨下末端形成血囊肿

血囊肿破裂后出血，可见血凝块

龙骨下形成较大的肿瘤结节

肝脏形成大小不一的白色肿瘤

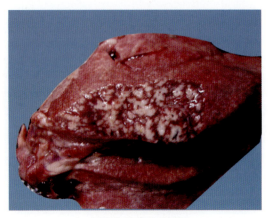
切面密布白色肿瘤

脾脏高度肿大，形成弥漫性肿瘤

脾脏色淡，形成淡黄色肿瘤

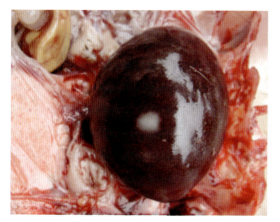

脾脏肿大，有灰白色肿瘤散在

肾脏肿大，褪色，肉样变

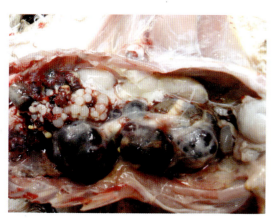

肾脏肿大，出血

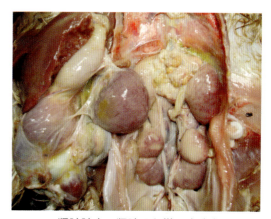

肾脏肿大，肾脏及卵巢形成肿瘤

肾脏形成肿瘤结节

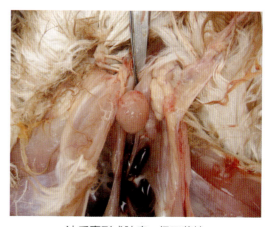

法氏囊形成肿瘤，但不萎缩

肠系膜多处形成血囊肿

输卵管系膜形成血管瘤

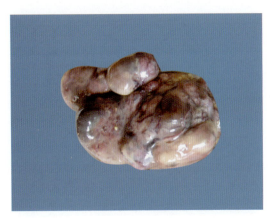
卵巢形成血管瘤

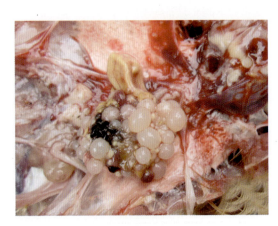
卵巢萎缩、变性、坏死

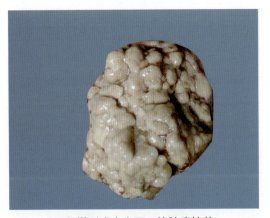
卵巢形成大小不一的肿瘤结节

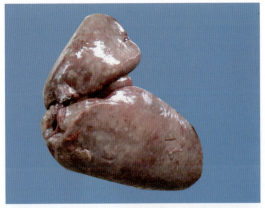
肝脏肿大，有大小不一的肿瘤散在（鸭的白血病）

第十七节 传染性贫血病

一、概述

传染性贫血是由传染性贫血病毒引起的以再生障碍性贫血、全身淋巴组织萎缩、皮下和肌肉出血及高死亡率为特征的传染病，该病曾称为蓝翅病、出血性综合征或贫血性皮炎综合征。

本病感染鸡群后可造成免疫抑制，易使鸡群对其他病原的易感性增高和使某些疫苗的免疫应答力下降，从而导致免疫失败，尤其是对马立克病疫苗的免疫失败，造成重大经济损失。

二、流行病学

鸡是唯一的自然宿主，各日龄的鸡都易感，主要发生在2～4周龄的雏鸡，其中1～7日龄雏鸡最易感。本病多为垂直感染，也可水平传播，但水平传播临诊症状不显著。发病率为20%～60%，残废率为5%～10%，传染性法氏囊病病毒、马立克病病毒、网状内皮组织增生症病毒及其他免疫抑制药物可增强本病的传染性，降低母源抗体的抵抗力，从而增加鸡的发病率和病死率。

三、临床症状

贫血是病鸡典型的临床特征。

病鸡精神沉郁，皮肤苍白，喙、肉髯和可视黏膜苍白，发育迟缓，消瘦，翅膀皮炎或蓝翅，全身点状出血，可能因继发坏疽性皮炎，2～3d后开始死亡，濒死鸡腹泻。

四、病理变化

骨髓萎缩是传染性贫血最典型的病理特征。
大腿骨的骨髓呈淡黄色或淡红色或脂肪色。
胸腺萎缩、充血，严重时胸腺完全退化。
法氏囊萎缩，呈半透明状，重量变轻，体积变小。
病情严重时，肝肿大、质脆，有时黄染或有坏死灶；脾、肾肿大；骨骼肌和腺胃黏膜出血，心肌和皮下出血等。

五、防治

本病目前没有特异性治疗方法。一旦感染本病，采用抗微生物药控制细菌的继发感染。

疫苗接种是预防本病的关键措施，因价格昂贵，仅用于某些种鸡群。对于商品鸡，平时加强卫生防疫，严防各种传染病导致的免疫抑制，加强对种鸡检疫，淘汰感染鸡，特别是进鸡时，应做CIAV（传染性贫血病病毒）抗体检测，严格控制感染本病的鸡进入鸡场。

传染性贫血病图

鸡冠苍白、贫血

机体消瘦，腿部出血

皮下点状出血

翅下皮肤出血

  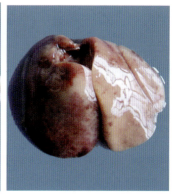

腺胃浆膜外出血　　　　　　　腺胃黏膜乳头出血　　　　　　肝脏点状出血

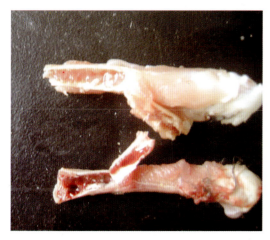 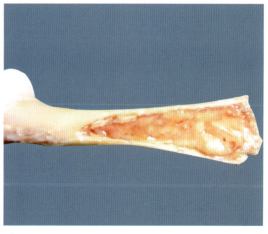

骨髓变浅发黄（上）；健康骨髓（下）　　　　　　胫部骨髓发黄

正常胸腺（上）；胸腺萎缩（下）　　　　　　胸腺萎缩，颈部肌肉苍白

第十八节 鸭 瘟

一、概述

鸭瘟又名鸭病毒性肠炎，俗称"大头瘟"，是鸭鹅和天鹅的一种急性接触性传染病，以体温升高，两腿麻痹，下痢，流泪，眼睑及头颈部肿大，食管黏膜有小出血点，黏膜被黄褐色假膜覆盖或溃疡，泄殖腔黏膜充血、出血、水肿和坏死，肝脏有大小不等的出血点和坏死灶等为主要特征。本病传播迅速，发病率和死亡率均高，已成为危害养鸭业的重要的病毒病之一。

二、流行病学

传染源：病鸭或带毒鸭是主要传染源。

传播途径：消化道传播为主，也可经过交配、眼结膜和呼吸道传染。

易感动物：不同品种、不同日龄、不同性别的鸭都易感，但以麻鸭、番鸭、绵鸭易感性最高，北京鸭次之，30日龄以内的鸭发病较少。

传播媒介：被病鸭和带毒鸭的排泄物污染过的水源、鸭舍、用具、饲料等是本病的主要传染媒介，某些野生水禽感染病毒后可成为传播本病的自然疫源和媒介，因本病为病毒血症，节肢动物也可能是本病的传染媒介。

流行特点：本病四季均可发生，但以春、秋季较为严重。当鸭瘟传入易感鸭群后，一般3~7d后出现零星病鸭，3~5d后大批病鸭陆续死亡，接着进入流行发展期和流行盛期。鸭群整个流行过程一般为2~6周，如果鸭群中有免疫鸭或耐过鸭时，可延至2~3个月或更长。

本病极易和禽霍乱、传染性浆膜炎等并发或继发，死亡率更高。

三、临床症状

自然感染的潜伏期为3~5d，人工感染的潜伏期为2~4d。

流泪，眼睑及头颈部的水肿是鸭瘟特征性临诊症状。

病初体温升高，达到43℃，稽留热，食欲明显下降，甚至停食，渴欲增加。

病鸭精神委顿，头颈缩起，羽毛松乱，翅膀下垂，两脚麻痹无力，伏坐地上不愿移动，强行驱赶时常以双翅扑地行走，走几步即倒地，不愿下水，驱赶入水后很快挣扎回岸。

病鸭眼有分泌物，初期为浆液性分泌物，后变成黏稠或脓样；眼睑周围羽毛被分泌物黏湿，造成上下眼睑粘连、水肿，甚至外翻；眼结膜水肿、充血、出血，甚至形成小溃疡；个别病鸭眼结膜有少许干酪样物覆盖。

病鸭鼻孔流出稀薄或黏稠的分泌物，呼吸困难，发生鼻塞音，叫声嘶哑，部分鸭咳嗽。

病鸭拉出绿色或灰白色稀粪，肛门周围的羽毛被沾污或结块；肛门肿胀，严重者外翻，翻开肛门时，可见泄殖腔黏膜充血、水肿、出血，黏膜表面覆盖一层黄绿色或褐色假膜，不易剥离。

部分病鸭头和颈部发生不同程度的肿胀，触之有波动感，俗称"大头瘟"。

因鹅的鸭瘟临床症状与鸭瘟相似，诊断时参考鸭瘟的临床症状，本书不再详细论述。

四、病理变化

以全身性败血症为主。

眼结膜水肿、充血、出血或被少许干酪样物覆盖。

体表皮肤有许多散在出血斑。

头颈部肿胀部位切开后，流出淡黄色的透明液体。

食管黏膜有纵行排列呈条纹状的黄色假膜覆盖或有出血斑点，假膜易剥离，剥离后留下溃疡斑痕。

食管膨大部分与腺胃交界处有一条灰黄色坏死带或出血带，肌胃角质膜下层充血、出血。

肠黏膜充血、出血、坏死或溃疡，以直肠和十二指肠最为严重，肠道的淋巴集合组织形成"纽扣状"坏死灶，病灶往往穿透黏膜下层和肌层，到达浆膜下层，致使肠管外观可见3~4个呈环状的深红色病灶，后期转为深棕色，与黏膜分界明显。

泄殖腔黏膜覆盖一层灰褐色或绿色的坏死结痂，不易剥离，黏膜水肿并有出血斑点。

肝脏表面和切面上有大小不等的灰黄色或灰白色的坏死点，少数坏死点中间有小出血点。

胆囊肿大，充满黏稠的墨绿色胆汁。

肌肉及脂肪等处出血。

喉头及气管充血、出血，内有黏性分泌物。

心外膜和心内膜有出血斑点，心腔内充满凝固不良的暗红色血液。

脾脏大小正常或变小，颜色变深呈花斑样。

胸腺有多灶性出血，表面和切面有黄色病灶区，严重时胸腺萎缩。

感染前期法氏囊充血、出血，有针尖大小的黄色斑点，后期囊壁变薄，囊腔中充满白色凝固性的渗出物。

产蛋母鸭发病后，卵泡充血、出血、萎缩、变性、坏死等，卵泡破裂落入腹腔后形成卵黄性腹膜炎。

因鹅的鸭瘟病理变化与鸭瘟相似，诊断时参照鸭瘟病理变化，本书不再详细论述。

五、防治

1. 预防

疫苗接种是预防本病的关键，接种日龄根据当地疫情而定。平时加强饲养管理，供应优质饲料，做好通风工作，及时清理粪便，定期在饲料中添加维生素预混剂或提高机体免疫力的中药制剂如补中益气散等措施增强机体抗病力，提高鸭群健康水平，并坚持临时消毒与定期消毒相结合的原则，杀灭传染源，切断传播途径。

坚持自繁自养制，需要引进种蛋、种雏时，一定要严格检验，证明无疫病感染后，方可引入场内。

一旦发生鸭瘟，要按国家防疫条例上报疫情，划定疫区范围，并进行严格的封锁、隔离、焚尸、消毒等工作。对疫区健康鸭群和尚未发病的假定健康鸭群，立即接种疫苗。

2. 治疗方案

（1）抗微生物药饮水或拌料，控制细菌的继发感染。配合APC或卡巴匹林钙和维生素C等，缓解病毒引起的高热症，细胞因子如干扰素、白介素等饮水抑制病毒复制等。

（2）肌内注射生物制品时，配合头孢噻呋、头孢喹诺、硫酸庆大小诺霉素等。

1）鸭瘟高免血清，皮下或肌内注射1mL/只。

2）抗鸭瘟高免卵黄，皮下或肌内注射2mL/只。

3）聚肌胞，肌内注射剂量1mg/只，3d 1次，连用2~3次。

（3）选择清瘟败毒、凉血消斑、燥湿止痢的中药制剂治疗。

【处方1】清瘟败毒散

石膏120g，地黄30g，水牛角60g，黄连20g，栀子30g，牡丹皮20g，黄芩25g，赤芍25g，玄参25g，知母30g，连翘30g，桔梗25g，甘草15g，淡竹叶25g。

【用法与用量】禽1~3g/只。

【处方2】黄芩80g，黄柏45g，黄连须50g，大黄20g，二花藤100g，白头翁100g，龙胆草100g，茵陈45g，板蓝根90g，车前草20g，陈皮20g，甘草10g。

【用法与用量】浓煎，取汁液和药渣拌料喂服200只病鸭，连喂2d。

【处方3】黄柏15g，姜黄15g，玄明粉15g，皂刺15g，黄芩15g，淡竹叶20g，甘草20g，矮桃30g，水杨柳30g。

【用法与用量】水煎取汁，供20只鸭一次灌服。

【处方4】柴胡6g，苍术6g，黄芩6g，大黄6g，栀子6g，雄黄6g，薄荷8g，辛夷4g，细辛4g，甘草4g，牙皂3g，樟脑3g。

【用法与用量】水煎取汁，每天2次，成鹅每次5~8mL，中鹅3~5mL，雏鹅7日龄以内3~5滴。一剂可供100只雏鹅，或40只中鹅，或10~20只成鹅1d使用。

【应用】用本方治疗鹅感染鸭瘟，一般连用3~5d即可痊愈。

鸭瘟病图

头部肿大

下颌肿胀

病鸭受到刺激后出现的系列神经症状

食管纵向出血

食管黏膜纵向出血

食管黏膜表面有斑点状假膜

腺胃黏膜出血，肌胃与腺胃交界处坏死

肠淋巴滤泡密集处外观呈环状出血

肠淋巴滤泡密集处出血，肠管外观呈环状出血

第一章 病毒性疾病

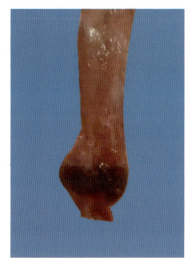
肠淋巴滤泡密集处呈环状出血

肠道形成"纽扣状"坏死灶

直肠黏膜出血

直肠至泄殖腔呈刷状出血

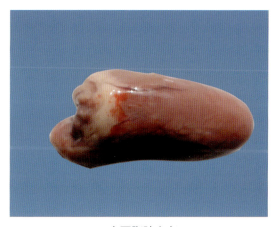
心冠脂肪出血

心内膜出血

肝脏出血、坏死

卵泡出血、坏死

鹅的鸭瘟：眼睑水肿，结膜出血

第十九节　鸭病毒性肝炎

一、概述

鸭病毒性肝炎是鸭肝炎病毒引起幼龄雏鸭的一种急性、高度致死性传染病，俗称"背脖病"，以角弓反张和肝脏肿大、出血为特征。

近年来，鸭病毒性肝炎在我国各地不断发生，发病率和死亡率均呈上升趋势，给养鸭业带来严重的经济损失。

二、流行病学

传染源：病鸭、带毒鸭、隐性感染鸭及康复鸭。

传播途径：本病主要经接触传播，经呼吸道也可感染，无垂直传播。如与病鸭直接接触感染，也可通过被病鸭的粪便污染过的食具、饮水及饲料等水平传播。

易感动物：4～8日龄雏鸭最为易感。

流行特点：本病3周龄以内的雏鸭多发，成年鸭呈隐性感染，具有发病急、传播迅速、死亡率高的特点，无明显的季节性，多发生于孵化雏鸭的季节。饲养管理不良、维生素和矿物质缺乏、鸭舍潮湿拥挤及卫生条件差等均可促使本病发生，一旦发病，传播很快，发病率可达100%，本病多与鸭瘟、禽霍乱、沙门杆菌病、大肠杆菌病、传染性浆膜炎、曲霉菌病等混合感染，造成死亡率增加。

值得注意的是，目前3日龄鸭发病呈上升趋势，常与细小病毒混合感染，死亡率高达100%。

三、临床症状

本病的潜伏期一般为1～2d，发病后的第2～3d达到死亡高峰。

发病初期，精神萎靡，羽毛松乱，缩颈呆立，眼半闭呈昏睡状，食欲不振至厌食，食欲废绝，拉黄白色或绿色粪便，少数突然死亡，无任何症状。

发病12～24h，多侧卧，全身性抽搐，运动失调，转圈，两脚痉挛性地反复踢蹬，头向后仰呈角弓反张状（俗称"背脖病"），数小时后死亡，死前发出尖叫声。

四、病理变化

特征性病变在肝脏。

喙端和爪尖瘀血呈暗紫色。

肝肿大，质脆，色暗或发黄，有大小不等的出血斑或出血点。

胆囊肿大呈长卵圆形，胆汁充盈，胆汁呈褐色、草绿色或淡红色。

脾脏有时肿大，呈斑驳状。

肾脏充血、肿胀，血管明显，呈暗紫色树枝状。

心肌如煮熟状，心包积液，心包炎，气囊中有微黄色渗出液或纤维素絮片。

五、防治

1. 预防

免疫接种是预防本病的关键措施，平时加强饲养管理，搞好环境卫生，严格执行消毒制度，做到临时消毒与定期消毒相结合，饲喂优质饲料，发病高峰期饲料中添加清热解毒、凉血的中药制剂等是预防本病的重要措施。

2. 治疗方案

发病后立即隔离治疗，饲料中添加微量元素和多种维生素电解质。

（1）生物制品肌内注射：①康复鸭血清0.5～1.0mL/只；②高免鸭血清0.5～1.0mL/只；③高免卵黄抗体1.0～1.5mL/只。

治疗时配合头孢噻呋钠、硫酸头孢喹诺等，控制细菌继发感染，降低死亡率。

（2）抗微生物药饮水或拌料，控制细菌的继发感染，细胞因子如干扰素、白细胞介素等配合饮水抑制病毒复制等。

（3）选择清热解毒、疏肝利胆的中药辅助治疗。

【处方1】茵栀解毒颗粒

茵陈360g，栀子180g，虎杖200g，黄芩180g，钩藤200g。

【用法与用量】混饮，雏鸭每天0.48～0.96g/只，连用2～3d。

【处方2】板翘合剂

板蓝根250g，大青叶300g，拳参200g，连翘150g，柴胡100g。

【用法与用量】混饮或灌服，每只每天0.5～1mL，连用3～5d。

【处方3】荆芥45g，连翘45g，防风30g，羌活25g，独活25g，柴胡30g，山楂45g，前胡25g，枳壳30g，茯苓45g，桔梗30g，六神曲45g，川芎25g，甘草15g，薄荷15g。

【用法与用量】煎汁，供300～600只鸭饮服。

【处方4】茵陈20g，板蓝根20g，金钱草20g，大青叶20g，金银花20g，连翘20g，龙胆草20g，黄芩20g，甘草20g。

【用法与用量】煎汁，供100只雏鸭自饮。

【处方5】黄芩50g，黄柏50g，黄连50g，连翘50g，金银花50g，紫金牛50g，茵陈50g，乌梅50g，枳壳50g，甘草50g。

【用法与用量】煎汁，供200只鸭拌料喂服，不食者滴服。

【处方6】茵陈30g，板蓝根30g，栀子30g，香附30g，连翘30g，菊花30g，龙胆草20g，茯苓20g，薏苡仁20g，甘草10g。

【用法与用量】煎汁，供100只鸭饮服，每天1剂，连服3剂。

【处方7】黄柏200g，茵陈150g，金银花100g，柴胡100g，栀子90g，鱼腥草90g，板蓝根90g，龙胆草90g，桑皮90g，救必应90g。

【用法与用量】加水5kg煮成2kg，再加水3kg煮成2kg，两次煎药液混合，加入红糖1kg，供600~700只雏鸭自由饮服。饮服前停水1h，病重的每只灌服3~5mL。每天2次，连服用5d。预防，用上述中药打粉按0.5%~1.0%的比例拌料喂雏鸭。

【应用】用本方5d后，死亡雏鸭明显减少，鸭群精神状态明显好转，吃料明显增加，继续服药4d以巩固疗效。

【处方8】茵陈50g，龙胆草20g，黄芩20g，黄连20g，黄芪20g，板蓝根20g，柴胡苗20g，神曲50g，陈皮30g，甘草20g。

【用法与用量】煎汁，供100只鸭1d自由饮服，病重鸭用注射器或滴管喂服，连用3d，或粉碎拌料饲喂，连喂3d。

【处方9】鱼腥草300g，板蓝根300g，龙胆草300g，桑白皮300g，救必应300g，茵陈100g，黄柏150g，甘草50g。

【用法与用量】煎汁，500mL，雏鸭5mL/只，每天2次。

【处方10】板蓝根100g，金银花100g，龙胆草100g，柴胡100g，茵陈100g，黄柏75g，黄芩75g，栀子75g，黄连50g，枳实50g，神曲50g，菊花50g，防风50g，荆芥50g，甘草50g。

【用法与用量】煮水，供500只17日龄雏鸭全天饮服，1d 1剂，连服5~7d。

【应用】饮水中加入恩诺沙星，用于鸭病毒性肝炎和大肠杆菌病的混合感染。

鸭病毒性肝炎病图

精神不振，缩颈呆立，眼半闭呈昏睡状，拉黄白色稀粪

濒死前，头颈部后仰

精神不振，尾部着地

受到刺激后翻滚，倒地后拼命挣扎，很快死亡

死前呈仰卧姿势

拉黄白绿色粪便

病鸭出现系列的神经症状

肾脏肿胀、出血；脾脏肿胀、瘀血、出血

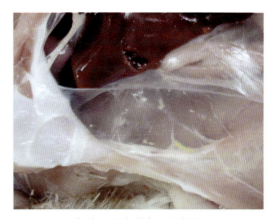

气囊上附有黄色干酪样物

胆囊肿大，充满黏稠的胆汁

心包积有黄色的液体

心冠脂肪有出血斑点

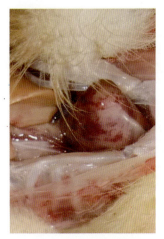
心肌出血，肝脏呈土黄色，有出血点（5日龄病死鸭）

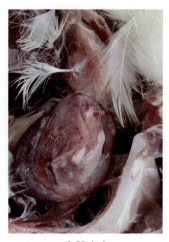
心肌出血

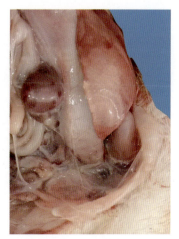
脾脏出血（5日龄病死鸭）

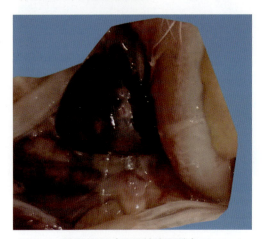
脾脏坏死（5日龄病死鸭）

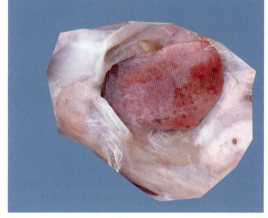
肝脏出血（5日龄病死鸭）

肝脏大面积点状出血（5日龄病死鸭）

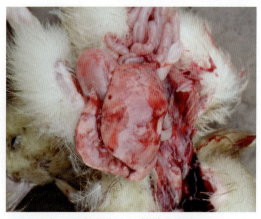
肝脏肿大，表面有大小不等的出血斑

第一章 病毒性疾病

肝脏肿大、质脆，表面有大小不等的出血斑或出血点

肝脏肿胀形成片状出血

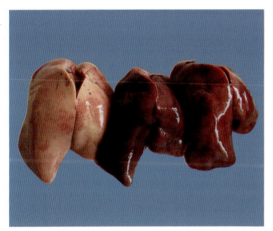

肝脏肿大、质脆，色暗或发黄，表面有大小不等的出血斑或出血点

肝脏大面积出血

第二十节　番鸭细小病毒病

一、概述

番鸭细小病毒病又称"三周病",是由番鸭细小病毒侵害雏番鸭的一种急性、全身性、败血性传染病,本病以腹泻、喘气、运动失调和神经症状为临床特征,病理变化以消化道黏膜充血、出血并形成类似小鹅瘟的"腊肠粪",胰脏呈点状坏死为主要特征。

目前,本病已成为危害番鸭群的主要传染病之一,常引起雏番鸭的大批死亡,给养鸭业带来严重的经济损失。

二、流行病学

传染源:病死的雏番鸭、健康带毒番鸭、孵化场等。

传播途径:经呼吸道和消化道水平传播,也可经蛋垂直传播。

易感动物:3周龄以内的雏番鸭。

传播媒介:被病鸭排泄物及分泌物污染过的饲料、饮水、用具、人员、种蛋、孵化室及周围环境都是本病的传播媒介。

流行特点:本病只引起雏番鸭发病,3～21日龄的雏番鸭多发,最早3日龄开始发病,一般7d开始发病,10～18日龄达发病高峰,20日龄以上很少发病,近年发病日龄有增大的趋向,30～40日龄番鸭也有发病,但雏半番鸭及其他禽类不发病,成年番鸭隐性带毒但不发病,无明显季节性,发病率和死亡率与日龄密切相关,日龄越小发病率和死亡率越高。

值得注意的是:番鸭细小病毒病与病毒性肝炎常混合感染,多为3~5日龄发病。

三、临床症状

本病潜伏期为4~9d,病程2~7d,病程长短与发病日龄密切相关。

1. 最急性型

出壳后6d内的雏番鸭多见,传播迅速,病程较短,几小时波及全群。

部分病鸭精神差,羽毛松乱;多数病鸭突然衰竭死亡,死前两脚做游泳状划动,头颈向一侧扭曲。

2. 急性型

多发生于7~21日龄的雏番鸭。目前临床常见"大舌"症状。

发病初期，精神沉郁，离群独处，羽毛蓬松，两翅下垂，尾端向下弯曲，怕冷，食欲不振或废绝，两脚发软。

发病中期，腹泻，拉黄绿色、灰白色或白色稀粪，甚至水便，或混有絮状物，肛门附近羽毛被粪便污染。

发病后期，鼻孔流出浆液性分泌物，流泪，张口伸颈，喘气等。

部分鸭喙端、蹼间及脚趾间有不同程度的发绀。

死前两脚麻痹，倒地抽搐，侧卧，角弓反张，衰竭死亡。

3. 亚急性型

多数由急性型转化而来。

精神委顿，喜欢蹲伏，行动缓慢，两脚无力，拉黄绿色或灰白色稀粪，并黏附于肛门周围羽毛。

四、病理变化

1. 最急性型

肠黏膜呈急性卡他性炎症，充血、出血。

2. 急性型

肛门附近羽毛被粪便污染，泄殖腔扩张，外翻。

胰腺肿大，针尖大小的出血点散在。

肝脏稍肿呈紫褐色，胆囊肿胀，胆汁充盈，肾脏、脾脏肿大等。

3. 亚急性型

以消化道黏膜充血、出血并形成类似小鹅瘟的"腊肠粪"和胰脏呈点状坏死为典型特征。

肠管呈出血性卡他性炎症，十二指肠、空肠和直肠后段的黏膜充血、出血，肠黏膜有不同程度的脱落，肠壁菲薄，空肠和回肠交界处附近或回肠前段的肠管外观膨大，切开膨大处肠管，管内有栓子状、灰白色或黄白色干酪样物的肠芯，类似小鹅瘟的"腊肠粪"。

胰腺呈灰白色，在其背、腹及中间三叶的表面均有散在性、数量不等、针尖大小的白色坏死灶；部分胰腺肿大，尤其背叶肿大明显，有针尖大小的出血点散在。

心脏呈灰白色，质软如水煮样，心包积聚淡黄色的液体。

肝脏肿大呈暗红色或灰黄色；胆囊肿胀；肾脏呈暗红色或灰白色水煮样。

脾脏微肿，表面和切面有少量针尖大的灰白色坏死点。

肺脏瘀血、微肿，切面有暗红色泡沫状血液流出。

脑呈苍白色，脑膜充血，有小出血点散在。

五、防治

1. 预防

免疫接种是控制本病的有效方法，平时加强饲养管理，严格执行消毒制度，做到临时消毒与定期消毒相结合，做好大肠杆菌病、花肝病、白点病、小鹅瘟、病毒性肝炎等病的预防，供应优质饲料，发病高峰期饲料中添加清热解毒的中药制剂、微生态制剂及多种维生素电解质等措施，可降低本病的发病率。

2. 治疗方案

（1）高免卵黄抗体或高免血清肌内注射，1~2mL/只；病情严重时，肌内注射银黄注射液或板蓝根注射液，1~2mL/只，每天2次，连用3d；配合头孢喹诺、阿米卡星等，控制细菌继发感染。

（2）抗微生物药饮水或拌料，控制某些细菌病的并发或继发感染，细胞因子如干扰素、白介素等配合饮水抑制病毒复制。

（3）中药制剂辅助治疗。

【处方1】板蓝根800g，白头翁500g，黄连800g，黄柏500g，栀子500g，黄芩800g，金银花200g，地榆200g，穿心莲500g，甘草200g。

【用法与用量】每剂两次煎汁70~80kg，浓缩药液至40~50kg，供1 500只3周龄番鸭自由饮用，每天1剂。服药期间适当减少供水量，重症不能自饮的病鸭用注射器灌服，每只番鸭3~5mL，7~8h喂1次，3d后痊愈。

【处方2】板蓝根120g，连翘120g，蒲公英120g，茵陈120g，荆芥120g，防风120g，陈皮100g，桂枝100g，金银花100g，蛇床子100g，甘草100g。

【用法与用量】加水适量，用文火煎沸10min，过滤去渣。然后用清水加适量红糖供1 200只鸭冲服。用药前鸭群停水2h，每天1剂，每剂上、下午各煎1次（药渣拌料），连用3d。

【应用】用本方治疗3d后，病情缓解，发病率逐渐降低；5d后，雏番鸭群基本恢复正常。

番鸭细小病毒病图

挤堆，精神不振

精神不振，呆立

拉白色稀粪

拉黄白色粪便

肛门附近羽毛被粪便污染

鼻孔流出浆液性分泌物

因上下喙变短，鸭舌外翻，俗称大舌病

因上下喙变短，鸭舌弯曲突出外翻，俗称大舌病

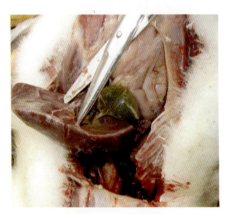

胆囊充盈胆汁，色淡

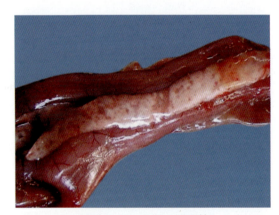

胰腺出血、变性、坏死等

肠淋巴滤泡密集处呈环状肿胀

肠内形成肠芯

第二十一节 雏番鸭呼肠孤病毒性坏死性肝炎

一、概述

雏番鸭呼肠孤病毒性坏死性肝炎是番鸭呼肠孤病毒引起雏番鸭发生的一种高发病率和高死亡率的烈性传染病,以食欲废绝、怕冷、脚发软和腹泻为临床特征,病理变化为肝脏表面和实质有弥漫性、大小不一、灰白色小点或花斑点,故又称"花肝病"。

二、流行病学

本病的自然潜伏期为5~9d,人工感染时约4d,具有发病急、传播快的特点。本病可通过滴鼻、饮水、肌肉和爪垫、注射、同居等感染。

本病多发于7~45日龄雏番鸭和雏半番鸭(以两周龄内的番鸭易发),其他品种未见感染发病;日龄越小,发病率和死亡率越高,发病率为20%~60%,有时可达90%,死亡率为10%~60%。本病若与传染性浆膜炎、大肠杆菌病或番鸭细小病毒病等并发或继发时,加重病情,死亡率更高。

本病的发生无明显的季节性,天气骤变、饲养密度大、养殖环境恶劣及其他应激因素存在时,均会诱发本病。

三、临床症状

精神沉郁,羽毛松乱、无光泽,食欲减退甚至废绝。
全身乏力,两脚软弱无力,部分鸭趾关节或跗关节肿胀,多蹲伏。
怕冷,扎堆;腹泻,拉白色或绿色稀粪,脱水,迅速消瘦,终因衰竭而死。
病愈鸭较消瘦,生长速度受阻。

四、病理变化

特征性的病变部位是肝脏和脾脏。
肝脏稍肿胀呈暗红色或深褐色,质脆,肝表面及实质内有散在或弥漫性大小不一的白色至灰白色的坏死性小点或斑点。

脾脏肿大呈暗红色，脾脏表面或实质内有大量大小不一的灰白色坏死灶，有的连成一片，呈"花斑"脾，少数脾脏不肿大。

胰腺表面有细小出血点，间或有灰白色坏死点。

肾脏充血、出血，呈斑驳状，局部有灰白色坏死点或坏死灶散在。

病程稍长的病例可见心包炎、气囊炎、肝周炎，肠壁粘连、肠壁变薄，内有泡沫样物，泄殖腔中有白色糊样粪便。

五、防治

1. 预防

免疫接种是预防本病的关键措施，免疫时间根据当地疫情流行情况而定，而加强饲养管理，搞好环境卫生，做好舍内外消毒，确保合适的温度和饲养密度，做好番鸭细小病毒病、传染性浆膜炎和大肠杆菌病等病的预防，提高机体对外界的抵抗力是预防本病的重要措施。

发病后，立即对病鸭进行隔离，将死亡鸭只做无害化处理，将病鸭和受威胁鸭隔离分区域饲养，使用消毒剂对鸭舍内外、饮水工具、饲料器具及人员等进行喷雾消毒，每天2次，杀灭传染源，切断传播途径，防止疫情扩散。

2. 治疗方案

（1）肌内或皮下注射花肝病高免卵黄抗体1~1.5mL/只。配合头孢噻呋钠、硫酸头孢喹诺、硫酸庆大小诺霉素、阿米卡星等注射，可控制细菌病的继发感染，降低死亡率。

（2）抗微生物药饮水或拌料，控制细菌继发感染，干扰素饮水抑制病毒复制等。

（3）中药辅助治疗：①板蓝根3~5g/只。②板蓝根200g、大青叶100g，水煎取汁，供100~200只鸭饮用。

雏番鸭呼肠孤病毒性坏死性肝炎病图

病鸭扎堆

气囊表面附有黄色干酪样物

第一章 病毒性疾病

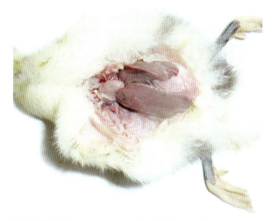

肝脏稍肿胀，呈暗红色或深褐色，质脆，肝表面及实质内有散在或弥漫性、大小不一、白色至灰白色的坏死性小点或斑点

肝脏表面有白色坏死点散在

脾脏肿大呈暗红色，表面或实质内有大量大小不一的灰白色坏死灶，呈"花斑"脾

胰腺有出血点散在

肾脏有白色坏死点散在及出血

第二十二节 鹅的小鹅瘟

一、概述

鹅的小鹅瘟是鹅细小病毒引起雏鹅的一种急性或亚急性、败血性传染病,主要侵害3~20日龄小鹅,以渗出性肠炎及肝、肾、心等实质器官炎症为主要特征,该病传染快,发病率和死亡率高,是严重危害养鹅业的重要传染病。

1956年我国学者方定一教授首先发现该病并定名为小鹅瘟。1965年以来东欧和西欧很多国家报道有本病存在,在国际上又称为Derzsey氏病或鹅细小病毒感染。

二、流行病学

传染源: 病鹅与带毒鹅是主要传染源。

传播途径: 病鹅直接接触传播或经消化道传播(如接触被病鹅排泄物污染的饲料与饮水等)是传播的主要途径,也可以经种蛋垂直传播。

易感动物: 20日龄内雏鹅易感,1月龄以内的雏鹅多发病,发病日龄越小,死亡率越高,1月龄以上的鹅,则极少发病。

流行特点: 本病传播迅速,死亡率为40%~80%,新疫区高达90%,该病的发生与流行具有明显的周期性,每年全部更新种鹅的地区或大流行后的一两年内都不会再次流行。

三、临床症状

本病的潜伏期为3~5d。临床上分为最急性型、急性型和亚急性型。

1. 最急性型
1周龄内的雏鹅感染时常呈此型经过,发病无前驱症状,突然倒地乱划,很快死亡。

2. 急性型
多发生于7~15日龄的雏鹅,比较常见。
精神不振,食欲减少,常离群独处,继而食欲废绝。
严重下痢,拉黄白色或黄绿色稀粪,粪便中混有气泡、纤维素性片或没有消化的饲料。
鼻液分泌物增多,喙端发绀,脚蹼色暗,死前两腿麻痹或抽搐等。

3. 亚急性型

常发生在疫病流行的后期，或是日龄较大的病鹅，症状较轻，以食欲不振与腹泻为主。病鹅消瘦，站立不稳，腹泻，粪便中混有气泡、纤维素性片或未消化的饲料。

四、病理变化

1. 最急性型

肠道除急性卡他性炎症外，其他器官的病理变化一般不明显。

2. 急性型

特征性病变在小肠。

全身脱水，皮下组织充血。

心外膜出血，心脏变圆，心房扩张，心壁松弛，心肌失去光泽。

肝脏肿大呈棕黄色或紫红色，脾脏出血，肾脏肿胀，胆囊肿胀，胆汁充盈。

胰腺色泽变暗，个别有小白点散在；法氏囊质地坚硬，内有纤维素性渗出物。

十二指肠黏膜充血，附着多量黏液，外观呈红色。

小肠黏膜整片坏死、脱落，与凝固的纤维素性渗出物形成栓子或包裹在肠内容物表面形成假膜，堵塞肠腔，靠近卵黄蒂与回盲部的肠段极度膨大，比正常的肠段增粗2~3倍，质地坚实呈"腊肠"样，剪开膨大部的肠壁，肠腔中充塞着一种淡灰白色或淡黄色凝固栓子状物，将肠腔完全堵塞，栓子状物较干燥，切面中心是深褐色的干燥肠内容物，外面包着厚厚的灰白色假膜，肠壁变薄等。

3. 亚急性型

肠水肿、充血，黏膜脱落，肠壁变薄，肠内有纤维素性片或未消化的饲料颗粒。

五、防治

1. 预防

本病目前无特效的化学药物治疗，因此疫苗和血清是预防的关键措施，具体使用时间根据当地发病规律而定。平时加强饲养管理，搞好环境卫生，饲养密度合理，保持舍内通风良好，对舍内外、孵化室、器械、种蛋严格消毒，供应优质的全价饲料，饲料中添加黄芪多糖、香菇多糖、芪贞增免颗粒等提高机体免疫力及增强抗病的能力。

2. 治疗方案

（1）生物制品治疗。抗小鹅瘟高免血清或高免卵黄液，皮下注射1~2mL/只，配合头孢噻呋、头孢喹诺、硫酸庆大小诺霉素等控制细菌的继发感染。

（2）抗微生物药饮水或拌料，控制细菌的继发感染，细胞因子如干扰素、白介素等饮水抑制病毒复制等。

（3）选择清热解毒、燥湿止痢的中药制剂治疗。

【处方1】清瘟败毒散

石膏120g，地黄30g，水牛角60g，黄连20g，栀子30g，牡丹皮20g，黄芩25g，赤芍25g，玄参25g，知母30g，连翘30g，桔梗25g，甘草15g，淡竹叶25g。

【用法与用量】禽1~3g/只。

【处方2】板蓝根50g，大青叶50g，黄连50g，黄柏50g，知母50g，穿心莲50g，鲜白茅根500g，鲜马齿苋500g。

【用法与用量】水煎去渣，供500只雏鹅拌料或饮用，每天1剂。

【处方3】黄芩6g，细辛4g，柴胡6g，薄荷8g，樟脑3g，甘草4g，牙皂3g，栀子6g，辛夷4g，雄黄6g，大黄6g，苍术6g。

【用法与用量】以上各药混合煎水，供100只7日龄小鹅1d分上、下午2次用滴管灌服。每只雏鹅每次滴3~5滴，连用3~5d，一般用3~5剂即可治愈。

【处方4】郁金30g，诃子15g，白头翁30g，黄芩30g，黄连30g，黄柏30g，大黄45g，栀子30g，白芍15g，秦皮45g。

【用法与用量】禽2~4g/只。

【处方5】金银花120g，连翘120g，板蓝根120g，蒲公英120g，青黛120g，甘草120g。

【用法与用量】水煎取汁，3mL/只，每天2次，连用3~5d。

鹅的小鹅瘟病图

角弓反张，两腿麻痹或抽搐

喙端及蹼尖发干，鼻孔分泌物增多

第一章 病毒性疾病

拉黄白色稀粪

严重下痢，拉黄白色或黄绿色稀粪，粪便中混有气泡、纤维素片或未消化的饲料

鼻腔内有黏液

肝脏肿大，色淡不均匀，呈黄红色或紫红色

肝脏色淡，呈斑驳状

肝脏肿大，有出血斑散在

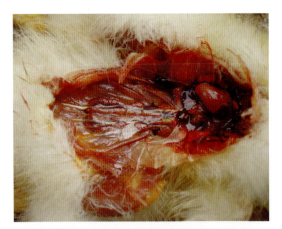

肾脏肿大、出血，输尿管内有尿酸盐沉积

回肠后段的内容物形成肠芯

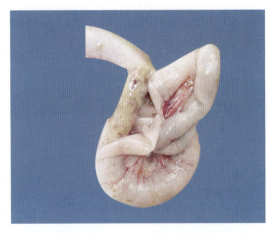

剪开小肠肿胀部位，可见混有血液的黄白色肠芯

小肠黏膜出血，内有淡黄色肠芯

肠壁变薄，肠腔内形成淡黄色肠芯

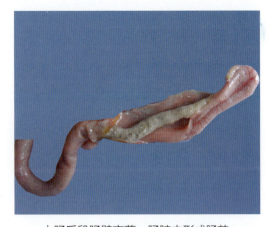

小肠后段肠壁变薄，肠腔内形成肠芯

第二十三节 雏番鸭的小鹅瘟

一、概述

雏番鸭的小鹅瘟是鹅细小病毒引起雏番鸭的一种急性、亚急性、高度接触性传染病，主要侵害5~25日龄雏番鸭，临床以精神沉郁，食欲减少或废绝，严重下痢，呼吸困难及神经症状为特征，病理变化为肠黏膜发生浮膜性纤维素性肠炎，小肠中后段肠管常形成"腊肠"样栓子，堵塞肠腔，俗称小鹅瘟。

二、流行病学

传染源：病鸭是主要传染源。

传播途径：自然情况下经呼吸道传染。

易感动物：5~25日龄雏番鸭易感。

传播媒介：被病鸭的分泌物及排泄物污染过的饲料、饮水、器具、孵化室等都是传播的媒介。

流行特点：本病常与雏番鸭细小病毒病混合感染，多发于冬春季节，传播迅速，日龄越小，发病率和死亡率越高，1个月以上的鸭也可以发病，成年鸭感染但不发病，发病率的高低取决于母番鸭免疫质量的高低，若母番鸭接种质量高，那么其后代发病率低。

三、临床症状

自然潜伏期3~5d，人工感染12h至3d。

根据病程长短分为最急性型、急性型和亚急性型。

1. 最急性型

1周龄雏番鸭多见，突然发病，无症状。

部分病鸭精神委顿，鼻孔流出少量浆液性分泌物，上喙前端及脚蹼发暗，两脚前后摆动，衰竭倒地，很快死亡。

2. 急性型

15日龄左右雏番鸭多发病。

精神沉郁，缩颈闭目，羽毛蓬乱，离群，呆立或蹲伏。

食欲逐渐减少或废绝，饮水量增加，体重迅速减轻。

鼻腔分泌物增多，不断摇头，呼吸急促，张口呼吸，口角及鼻孔有分泌物甩出，致使鼻孔周围污秽。

严重下痢，拉乳白色或黄色混有气泡或假膜样或未消化的饲料稀粪，稀粪污染肛门附近的绒毛。

喙端及脚蹼颜色发暗，濒死前头颈扭转、抽搐等，后期体温下降，极度衰弱死亡。

3. 亚急性型

25～30日龄雏番鸭多发。

精神委顿，食欲不振或废绝，消瘦，行动迟缓，站立不稳，喜蹲伏，腹泻，粪便中常混有气泡或未消化完的饲料或纤维素性白色絮片。

四、病理变化

1. 最急性型

小肠黏膜肿胀、充血、出血，黏膜表面覆盖大量淡黄色黏液，呈急性卡他性出血性炎症。

2. 急性型

肠管扩张，肠腔内含有数量不等的绿色液体，混有饲料。

小肠中后段肠管膨大1～2倍，质地结实，形如"腊肠"状，剪开膨大部后，肠管内充塞灰白色或淡黄色凝固的栓子，肠壁变薄，呈灰白色，黏膜平滑。

3. 亚急性型

"腊肠"样栓子病理变化更明显。

五、防治

1. 预防

免疫接种是控制本病的有效方法，病毒污染严重地区和本病流行的地区，雏番鸭出壳后24h内皮下注射抗小鹅瘟高免血清或高免卵黄液。

平时加强饲养管理，搞好环境卫生，保持鸭舍通风良好，饲养密度适中并加强消毒，饲料中添加多种维生素、微量元素及清热解毒、燥湿止痢的中药等是预防本病的重要措施。

2. 治疗方案

（1）皮下注射生物制品。抗小鹅瘟高免血清或高免卵黄液皮下注射1～2mL/只。配合头孢噻呋钠、硫酸头孢喹诺、林可霉素等注射，可控制细菌的继发感染。

（2）抗微生物药饮水或拌料，控制细菌的继发感染，细胞因子如干扰素、白介素等饮水，抑制病毒复制。

（3）选择清热解毒、燥湿止痢的中药治疗。

【处方1】清瘟败毒散

石膏120g,地黄30g,水牛角60g,黄连20g,栀子30g,牡丹皮20g,黄芩25g,赤芍25g,玄参25g,知母30g,连翘30g,桔梗25g,甘草15g,淡竹叶25g。

【用法与用量】禽1~3g/只。

【处方2】金银花75g,连翘75g,板蓝根125g,蒲公英75g,紫花地丁75g,青黛50g,甘草25g。

【用法与用量】水煎,供250只番鸭使用,每天2次,连用3~5d。

雏番鸭的小鹅瘟病图

精神不振,拉白色粪便

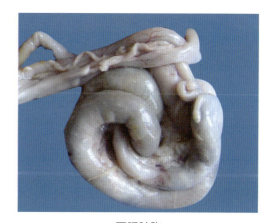

回肠肿胀

肠黏膜出血,肠道内形成混有血液的肠芯

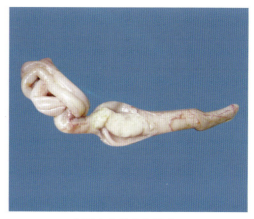

肠腔内有黄白色栓塞

第二十四节　鸭疱疹病毒性出血症

一、概述

鸭疱疹病毒性出血症是由鸭疱疹病毒Ⅱ型引起的侵害各品种、各日龄鸭的传染病。因双翅羽毛管、上喙端及爪尖、足蹼等处出血呈紫黑色，俗称鸭黑羽病、鸭乌管病、鸭紫喙黑足病，又因翅膀羽毛管内血管及组织脏器出血或瘀血，又称鸭出血症。

二、流行病学

各种日龄及不同品种鸭均可发病，10～55日龄的鸭多发，番鸭最易感，半番鸭、麻鸭、北京鸭、樱桃谷鸭、野鸭、丽佳鸭、枫叶鸭等均可感染发病。

本病无明显季节性规律，四季均可发病，气温骤降或阴雨寒冷天气时发病较多，发病率、病死率与发病鸭日龄密切相关，一般来说日龄越小，发病率越高，死亡率越高，有时高达80%，35日龄以上单一感染本病的鸭，随着日龄的增长，日死亡率在2%以内。

三、临床症状

雏鸭和青年鸭多呈急性经过，发病2～3d后死亡。

精神沉郁，采食量下降，拉白色或绿色稀粪。

扭头、低颈，死前呈角弓反张状。

口、鼻流黄色液体，喙前端和口部周围等羽毛被黄色液体染黄。

喙端、爪尖、足蹼末梢周边发绀呈紫黑色。

双翅羽毛管内瘀血，外观呈紫黑色，羽毛管易断裂、脱落、发绀，切开断裂羽毛，管内流出暗红色血液。

四、病理变化

特征性病理变化为双翅羽毛管内出血及组织脏器出血或瘀血。

肝脏稍肿大，呈树枝样出血或瘀血，白色坏死点散在肝脏表面。

胰腺有出血点或出血斑，或整个胰腺因出血呈红色。

小肠、直肠及盲肠黏膜充血、出血，有时可见出血环。

脾脏表面因有出血斑点或细条状出血而呈花斑样。

肾脏、大脑、法氏囊、舌根部、喉头及气管黏膜等处有轻度出血或瘀血。

五、防治

1. 预防

疫苗接种或注射鸭出血症高免卵黄抗体是预防本病的重要措施，平时加强饲养管理，搞好卫生，注意消毒，饲喂优质全价饲料并在饲料中添加黄芪多糖和多种维生素增强机体抵抗力，育雏阶段做好保暖与通风工作等措施可降低发病率。

2. 治疗方案

（1）鸭出血症高免蛋黄抗体：肌内注射1.5～3mL/只，并加入阿米卡星（2万～4万IU/kg体重），也可以加入头孢噻呋钠、硫酸头孢喹诺、硫酸庆大小诺霉素等。

（2）抗微生物药饮水或拌料，控制细菌继发感染，饲料中添加维生素K_3（5mg/kg饲料）和微生态制剂及干扰素饮水等可降低死亡率。

鸭疱疹病毒性出血症图

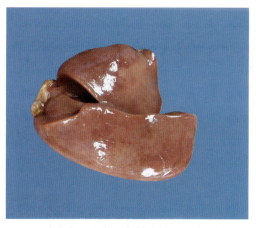

肝脏瘀血、出血，有针尖状坏死点散在

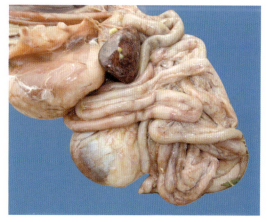

脾脏出血呈花斑样，十二指肠及小肠淋巴滤泡呈环状肿胀

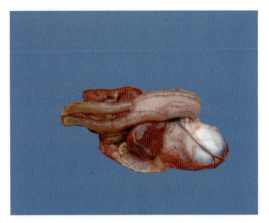
胰腺出血，脾脏表面有出血斑点，呈树枝样出血

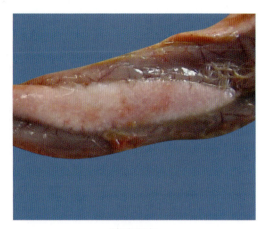
胰腺出血

肾脏出血

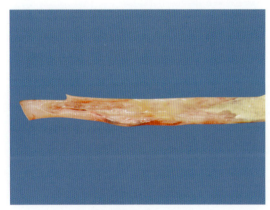
直肠黏膜脱落、出血

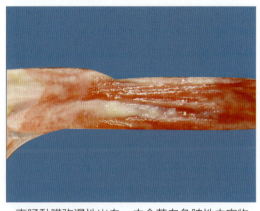
直肠黏膜弥漫性出血，内含黄白色脓性内容物

第二十五节 鸭病毒性肿头出血症

一、概述

鸭病毒性肿头出血症是由呼肠孤病毒引起鸭的一种急性、败血性传染病。临床以鸭头部肿胀及眼结膜充血、出血为特征，病理变化为全身皮肤、消化管和气管黏膜广泛性出血，肝脏肿大呈土黄色或深褐色及出血斑点散在为主。

鸭病毒性肿头出血症发病率为50%～100%，死亡率为40%～80%，甚至高达100%，已成为严重危害养鸭业的一种重要的传染病。

二、流行病学

传染源：病鸭和带毒鸭为主要传染源。

传播途径：接触传播为主。

易感动物：不同品种、年龄、性别的鸭均可感染发病。

流行特点：本病多发于秋冬季节，春季也发生，夏季发生较少，冬季为发病高峰时期，最早3日龄小鸭发病，500日龄的成鸭仍然有发病，发病率达80%，死亡率高达100%，再次发病或反复发病鸭，发病率为50%～100%，死亡率为40%～80%。病程一般为4~6d，初次发病呈急性暴发，少数鸭突然发病，2~3d后大群发病，4~5d后死亡达到高峰。

三、临床症状

精神委顿，不喜欢运动，卧地不起，羽毛凌乱无光、沾满污物。

体温升高达到甚至超过43℃，后期体温下降，迅速死亡。

食欲剧减或废绝，喜饮水，腹泻，稀粪初期呈灰白色，后期为草绿色。

眼、鼻流浆液性或血性分泌物，呼吸困难，张口伸颈，胸腹部快速扇动。

多数病鸭头部明显肿胀，眼睑肿胀、充血、出血。

部分病鸭腿麻痹，行走困难，强行驱赶时呈跳跃式向前运动。

蛋鸭产蛋率下降，蛋壳粗糙等。

四、病理变化

头部肿胀，肿胀部位蔓延至胸部，肿胀的皮下充满淡黄色透明浆液性渗出液，全身皮肤呈广泛性、弥漫性出血。

眼睑肿胀、充血、出血，下眼睑早期充血，后期呈出血性坏死，眼圈羽毛被浆液性、血性分泌物沾污。

鼻腔及鼻窦黏膜充血、出血，呈鲜红色或乌红色，气管黏膜充血、出血，肺脏出血等。

肝脏肿大，质脆，土黄色，表面有出血斑点散在。

心包积有淡黄色透明液体，心脏外膜和心冠脂肪有少量出血斑点，心脏内膜出血，心肌坏死或变性呈灰白色条状。

胸腺出血，表面和切面有黄色针尖大小的坏死灶，边缘有点状出血。

脾脏肿大、出血，肾肿大呈弥漫性出血，法氏囊出血呈乌黑色。

初期食管黏膜均沿纵褶方向呈条状出血（雏鸭多见），中后期靠近咽喉部位的口腔和食管黏膜出血、坏死，形成孤立溃疡灶，溃疡灶融合后出现条状坏死病变，严重时整个食管黏膜弥漫性出血。

肠浆膜面和其他浆膜有出血点或出血环，食管与腺胃交界处黏膜有深红色或红色出血环，直肠黏膜出血，盲肠中部明显膨大并充满黑色内容物。

输卵管充血、出血，卵子充血、出血、坏死，卵黄破裂掉入腹腔后形成卵黄性腹膜炎。

五、防治

1. 预防

加强饲养管理，饲喂优质饲料，发病高峰期采用板青颗粒、金丝桃素、黄芪多糖、双黄连粉、清瘟败毒散等拌料。

严格控制鸭与外界野禽接触，做到临时消毒和定期消毒相结合，减少疫源传播的机会。

坚持自繁自养制，严禁疫区引进种鸭、苗鸭、商品鸭和种蛋等。

雏鸭出壳后，立即使用高免血清或康复鸭血清和灭活疫苗接种，做好病毒性肝炎、鸭瘟、禽流感等病的免疫。

2. 治疗方案

（1）高免血清或康复鸭血清肌内注射1~2mL/只，配合阿米卡星2万~4万IU/kg体重。

（2）抗微生物药饮水或拌料，控制细菌继发感染，干扰素、白介素饮水抑制病毒复制等。

（3）选用清瘟败毒散辅助治疗。

【处方】石膏120g，地黄30g，水牛角60g，黄连20g，栀子30g，牡丹皮20g，黄芩25g，赤芍25g，玄参25g，知母30g，连翘30g，桔梗25g，甘草15g，淡竹叶25g。

【用法与用量】禽1~3g/只。

鸭病毒性肿头出血症图

眼结膜出血

尾部羽毛被黄绿色粪便沾污

拉黄绿色稀粪

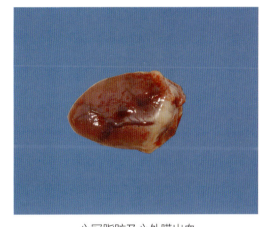

心冠脂肪及心外膜出血

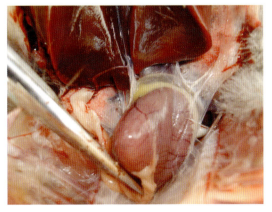

心包积液，肝脏出血

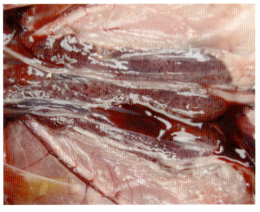

肾脏弥漫性出血

第二十六节　鸭疱疹病毒性坏死性肝炎

一、概述

鸭疱疹病毒性坏死性肝炎是由鸭疱疹病毒Ⅲ型引起的一种传染病，又称鸭新病。病鸭以软脚、摇头、精神沉郁及神经症状为临床特征，以肝脏表面有数量不等的白色坏死点为主要病理变化，故又称为鸭白点病。

二、流行病学

番鸭、半番鸭和麻鸭等均可发生，以番鸭易感性最强，死亡率最高。

番鸭发病主要集中在10～32日龄和50～75日龄，10～32日龄的雏番鸭发病更为多见；麻鸭多在产蛋前后发病；半番鸭发病多在30日龄以上。

不同品种、不同日龄鸭感染后，发病率和病死率差异较大。一般来说，发病日龄愈小，发病率和病死率越高，8～25日龄雏番鸭发病率和病死率最高，发病率高达100%，病死率在95%以上；50日龄以上番鸭发病率80%～100%，病死率60%～90%；半番鸭发病率20%～35%，病死率60%；开产麻鸭发病率和病死率较低，以产蛋下降为主。

本病没有明显的季节性发病规律，在天气骤变、卫生条件差、饲养密度高等情况下可诱发本病，本病易与传染性浆膜炎、副伤寒、大肠杆菌病及禽霍乱等病混合感染。

三、临床症状

病程为2～5d，最急性病例很快挣扎死亡。

精神高度沉郁，不愿活动，全身乏力，软脚，多蹲伏等。

食欲和饮欲减退，腹泻，拉白色或绿色稀粪，肛周羽毛沾有大量粪便。

有摇头、扭颈或转圈等症状。

四、病理变化

倒提时，鸭口中流黄水或褐色液体样物。

肝脏、脾脏、胰腺及肾脏等有针尖大小、数量不等的白色或红白色坏死点。

胆囊鼓胀，胆汁充盈，肠道出血及有出血环，十二指肠、直肠出血更为明显。脑壳内壁、脑膜等轻度出血，心包积液，心包炎等。

五、防治

1. 预防

坚持"防治并举，以防为主"的综合防治措施，采用鸭白点病疫苗免疫接种是预防本病的重要措施，发病后，及时清理粪便，并堆积发酵，对养殖内外环境和场地进行全面消毒。

2. 治疗方案

（1）番鸭白点病高免血清或高免卵黄液1~2mL/只肌内注射，阿米卡星3万IU/kg体重。

（2）抗微生物药拌料或饮水控制细菌的继发感染，细胞因子如干扰素、白介素等饮水，抑制病毒复制。

（3）采用清热解毒、凉血的中药制剂辅助治疗。

【处方1】清瘟败毒散

石膏120g，地黄30g，水牛角60g，黄连20g，栀子30g，牡丹皮20g，黄芩25g，赤芍25g，玄参25g，知母30g，连翘30g，桔梗25g，甘草15g，淡竹叶25g。

【用法与用量】禽1~3g/只。

【处方2】生石膏40g，知母10g，生地黄10g，玄参10g，赤芍15g，牡丹皮10g，甘草10g，板蓝根20g，连翘10g，水牛角10g，黄连15g，金银花10g，栀子15g，桔梗10g，黄芩10g，黄柏10g，麦冬10g，柴胡15g，紫花地丁10g，蒲公英10g。

【用法与用量】禽2~3g/只。

【处方3】茵陈70g，金银花50g，黄芩60g，黄柏40g，柴胡40g，龙胆草60g，防风60g，荆芥60g，甘草40g，板蓝根120g。

【用法与用量】禽2~3g/只。

【处方4】板蓝根10g，大青叶10g。

【用法与用量】禽2~3g/只。

鸭疱疹病毒性坏死性肝炎病图

胆囊肿胀，胆汁充盈

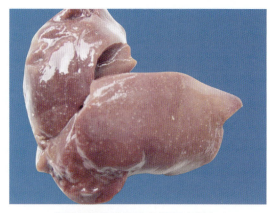
肝脏表面有大量白色坏死点散在

脾脏表面有大小不等的黄白色坏死点

肝脏表面有大小不等的出血斑

胰腺有白色坏死点散在

第二章

细菌性疾病

第一节　禽大肠杆菌病

禽大肠杆菌病是由某些致病血清型或条件致病性大肠埃希杆菌引起的禽类不同疾病的总称。各日龄的禽均可感染，包括败血型（肝周炎、心包炎、气囊炎）、脑炎型、雏鸡脐炎型、眼球炎型、肠炎型、关节滑膜炎型、生殖系统炎症型、肉芽肿型等，临床中感染两种以上的情况占多数。本书主要介绍鸡及鸭鹅大肠杆菌病。

I. 鸡大肠杆菌病

一、流行病学

大肠杆菌为条件性致病菌，广泛存在于自然环境中，如饲料、饮水、鸡的体表、孵化场、孵化器等处，因此大肠杆菌病对养鸡全过程构成了很大威胁。本病四季均可发生，多雨、闷热、潮湿季节多发，各日龄的鸡均可感染，饲养管理水平不同、环境卫生的好坏、防治措施是否得当、有无继发其他疫病等都可诱发大肠杆菌病。因本病常与支原体病、新城疫、禽流感、球虫病、传染性支气管炎等病混合感染，导致治疗难度加大，死亡率升高。

二、临床症状

1. 败血型

呼吸困难，精神沉郁，羽毛松乱，食欲减退或废绝，剧烈腹泻，粪便呈白色或黄绿色，腹部肿胀，病程较短，很快死亡。

2. 脑炎型

雏鸡和产蛋鸡多发，主要发生于2～6周龄的鸡。

精神委顿，昏睡，垂头闭目，下痢，蹲伏及歪头，扭颈，倒地，抽搐等。

3. 雏鸡脐炎型

本病俗称"大肚脐"。

病鸡多在1周内死亡，精神沉郁、虚弱，常堆挤在一起，少食或不食；腹部大，脐孔及其周围皮肤发红、水肿或呈蓝黑色，有刺激性臭味，卵黄不吸收或吸收不良，剧烈腹泻，粪便呈灰白色，混有血液。

4. 眼球炎型

精神萎靡，闭眼缩头，采食减少，饮水量增加，拉绿白色粪便；眼球炎多为一侧性，少数为两侧性；眼睑肿胀，眼结膜内有炎性干酪样物，眼房积水，角膜混浊，流泪怕光，严重时眼球萎缩、凹陷、失明等，终因衰竭死亡。

5. 肠炎型

精神萎靡，闭眼缩头，采食减少，饮水量增加，剧烈腹泻，粪便伴有血液，肛门周围羽毛被粪便污染而污秽、粘连。

6. 关节滑膜炎型

跛行或卧地不起，腱鞘或关节发生肿胀，腹泻等。

7. 生殖系统炎症型

体温升高，鸡冠萎缩或发紫，羽毛蓬松；食欲减少并很快废绝，喜饮少量清水；腹泻，粪便稀软呈淡黄色或黄白色，混有黏液或血液，常污染肛门周围的羽毛；产蛋率低，产蛋高峰上不去或产蛋高峰维持时间短，腹部明显增大下垂，触之敏感并有波动，鸡群死淘率增加。

8. 肉芽肿型

本型在临床中很少见到，病死率比较高。

三、病理变化

1. 败血型

肝肿大，质脆易碎，被膜增厚，不透明呈黄白色，易脱落，肝表面覆盖纤维素性膜，肝表面被纤维素性膜包裹（俗称肝周炎），剥脱后肝呈紫褐色，被膜下散在大小不一的出血点或坏死灶。

心包增厚不透明，心包积有淡黄色液体，心包和心脏粘连（俗称心包炎）。

气囊增厚、混浊，表面覆有纤维素性渗出物呈灰白色或灰黄色，囊腔内有数量不等的黄色纤维素性渗出物或干酪样物（俗称气囊炎）。

2. 脑炎型

头部皮下出血、水肿，脑膜充血、出血，实质水肿，脑膜易剥离，脑壳软化。

3. 雏鸡脐炎型

卵黄吸收不良，卵黄囊充血、出血且囊内卵黄液黏稠或稀薄，多呈黄绿色；脐孔周围皮肤水肿，皮下瘀血、出血，或有黄色或黄红色的纤维素性蛋白质渗出；肝脏肿大呈土黄色，质脆，有淡黄色坏死灶散在，肝包膜略有增厚；肠道呈卡他性炎症。病理变化与鸡血痢相似，临床很难区分。

4. 眼球炎型

眼球炎型大肠杆菌病理变化和临床症状相同。

5. 肠炎型

肠道急性出血，肠黏膜发炎，肠壁变薄，肠浆膜有明显的小出血点，有的形成慢性肠炎。

6. 关节滑膜炎型

关节肿大，关节周围组织充血、水肿，关节腔内有纤维素性蛋白质渗出或混浊的关节液，滑膜肿胀，增厚。

7. 生殖系统炎症型

输卵管黏膜充血、壁变薄或囊肿，内有数量不等的干酪样物，呈黄白色，切面轮层状，较干燥；大量卵黄落入腹腔内，广泛地分布于肠道表面而形成卵黄性腹膜炎；泄殖腔外翻、出血。

8. 肉芽肿型

心脏、胰腺、肝脏及盲肠、直肠和回肠的浆膜有粟粒大灰白色或灰黄色肉芽肿，肠发生粘连；肝表面有不规则的黄色坏死灶散在，有时整个肝脏发生坏死。

四、防治

1. 预防

因大肠杆菌属于条件性致病菌，因此平时加强饲养管理，搞好环境卫生，严格消毒及采用当地分离的致病性菌株制成自家疫苗进行免疫是预防本病的重要措施。

2. 治疗方案

对已出现肝周炎、心包炎、气囊炎和腹膜炎的病鸡无治疗意义，应及时淘汰。

（1）根据药敏结果，选择高敏的抗微生物药饮水或拌料，连用3～5d。

（2）选择清热解毒、燥湿的中药制剂治疗。

【处方1】白龙散

白头翁600g，龙胆300g，黄连100g。

【用法与用量】禽1～3g/只。

【处方2】白头翁散

白头翁60g，黄连30g，黄柏45g，秦皮60g。

【用法与用量】禽2～3g/只。

【处方3】板青颗粒

板蓝根600g，大青叶900g。

【用法与用量】鸡0.5g/只。

【处方4】莲胆散

穿心莲230g，桔梗100g，猪胆粉30g，板蓝根50g，麻黄100g，甘草80g，金荞麦100g，防风70g，火炭母150g，岗梅50g，薄荷40g。

【用法与用量】混饲，每千克饲料5~10g。

【处方5】清解合剂

生石膏670g，金银花140g，玄参100g，黄芩80g，生地黄80g，连翘70g，栀子70g，龙胆60g，甜地丁60g，板蓝根60g，知母60g，麦冬60g。

【用法与用量】混饮，鸡2.5mL/L水。

【处方6】杨树花口服液

杨树花。

【用法与用量】混饮，禽1~2mL/L水（每毫升相当于原生药材1g）。

【处方7】三味拳参散

拳参1 400g，穿心莲1 000g，苦参1 600g。

【用法与用量】混饲，禽5g/kg饲料。

【处方8】三黄痢康散

黄芩154g，黄连154g，黄柏77g，栀子154g，当归77g，白术39g，大黄77g，诃子77g，白芍77g，肉桂39g，茯苓38g，川芎38g。

【用法与用量】拌料内服，一次量，鸡1g/只。

【处方9】蒲青止痢散

蒲公英40g，大青叶40g，板蓝根40g，金银花20g，黄芩20g，黄柏20g，甘草20g，藿香10g，石膏10g。

【用法与用量】混饲，鸡10~20g/kg饲料。

【处方10】三黄白头翁散

黄芩200g，黄柏200g，大黄200g，白头翁200g，陈皮200g，白芍200g，地榆200g，苦参200g，青皮200g。

【用法与用量】鸡0.5g/只。

【处方11】穿甘苦参散

穿心莲150g，甘草125g，吴茱萸10g，苦参75g，白芷50g，板蓝根50g，大黄30g。

【用法与用量】混饲，鸡3~6g/kg饲料，连用5d。

【处方12】穿虎石榴皮散

虎杖98g，穿心莲294g，地榆98g，石榴皮147g，石膏196g，黄柏98g，甘草49g，肉桂20g。

【用法与用量】混饲，鸡10g/kg饲料，连用5d。

【处方13】四黄白莲散

大黄230g，白头翁91g，穿心莲91g，大青叶91g，金银花91g，三叉苦91g，辣蓼91g，黄芩91g，黄连18g，黄柏28g，龙胆28g，肉桂28g，小茴香28g，冰片3g。

【用法与用量】一次量，鸡0.5g/kg体重，每天2次。

【处方14】杨树花止痢散

连翘15g，鱼腥草15g，杨树花15g，穿心莲10g，大青叶10g，苦参15g，生石膏10g，柴胡10g。

【用法与用量】混饲，鸡6g/kg饲料。

【处方15】黄梅秦皮散

黄芩800g，乌梅1 500g，秦皮400g，黄芪150g，补骨脂100g，五味子100g，陈皮100g，神曲100g，甘草80g，低聚糖150g。

【用法与用量】混饲，鸡0.5~1.0g/kg饲料。

鸡大肠杆菌病图

精神不振，腹泻，肛门附近羽毛被粪便沾污

拉白色的稀粪

皮下形成蜂网织炎

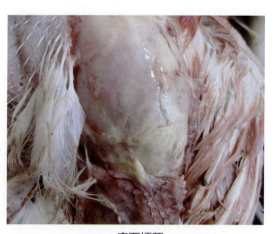

皮下坏死

眼球炎型：眼睑肿胀

眼球炎型：上下眼睑粘连

眼球炎型：眶下窦肿胀，失明

关节炎型：脚底部肿胀

关节炎型：关节外脓肿

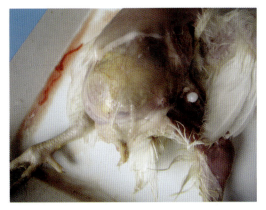
雏鸡脐炎型：大肠杆菌引起的皮下黄色纤维蛋白渗出

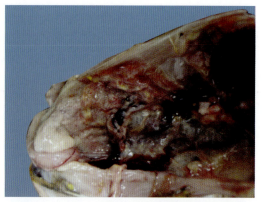

败血型：气囊表面覆盖黄色纤维素性渗出物，俗称气囊炎

败血型：心包和心脏粘连形成心包炎

败血型：肝脏表面被白色纤维素性膜覆盖，易脱落

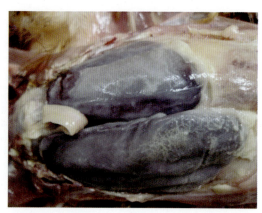

败血型：肝脏肿大，表面覆盖纤维素性膜，剥离后肝脏呈紫黑色

败血型：心包炎、肝周炎、气囊炎和腹膜炎

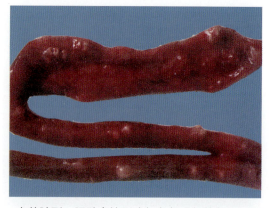

肉芽肿型：肠壁多处形成灰白色或灰黄色的、绿豆大小的肉芽肿

第二章 细菌性疾病

生殖系统炎症型：感染大肠杆菌后引起输卵管过早发育，内有干酪样物

生殖系统炎症型：感染大肠杆菌后引起输卵管内积有黄色干酪样物

生殖系统炎症型：卵黄破裂落入腹腔后，广泛分布于肠道，形成卵黄性腹膜炎

生殖系统炎症型：卵黄性腹膜炎

生殖系统炎症型：输卵管内有黄白色的干酪样物，切面呈轮层状

151

生殖系统炎症型：输卵管内有异物

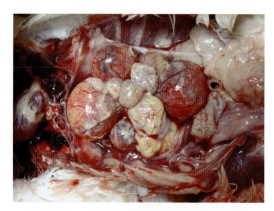

生殖系统炎症型：卵黄囊出血、变性、坏死

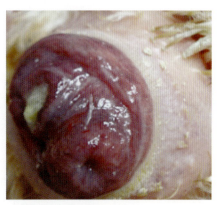

生殖系统炎症型：泄殖腔外翻，黏膜水肿出血

生殖系统炎症型：睾丸水肿

Ⅱ. 鸭鹅大肠杆菌病

一、流行病学

传染源：病禽和带菌禽是主要传染源。

传播途径：一般通过消化道和呼吸道感染，也可以通过伤口、污染的种蛋及生殖道感染、交配等传播，也可经被尸体和粪便污染过的饲料、饮水、池塘、饲养场地和饲养工具等传染。

易感动物：各种年龄的鸭鹅均可感染，2~6周龄鸭鹅多见。

流行特点：本病的发生与饲养管理密切相关，当天气寒冷、气温骤变、青饲料不足、维生素A缺乏、过度拥挤、闷热、长途运输等因素存在时，均能促进本病的发生和传播。常与鸭传染性浆膜炎、病毒性肝炎等病混合感染，造成商品肉鸭、肉鹅死亡率增加，成年鸭鹅和种鸭鹅表现为零星死亡、产蛋率下降等。

二、临床症状

精神委顿，羽毛松乱，怕冷，聚堆，不断尖叫，肿眼、流泪，呼吸困难。
体温升高，少食或不食，喜饮水。
严重下痢，拉黄绿色或白色稀粪，粪中带血液，污染肛周羽毛，终因消瘦而死。
产蛋率下降，蛋壳粗糙，种蛋孵化率低等。

三、病理变化

脐炎，脐孔愈合不全、红肿，卵黄吸收不良，呈黄棕色或黄绿色。

肝脏呈暗红色，表面有针头大的灰白色坏死灶或出血点，肝脏表面覆盖一层灰白色纤维素性渗出物（俗称肝周炎）。

心包增厚、不透明，心包积液，最终形成纤维素性心包炎。

胸、腹等气囊囊壁增厚呈灰黄色或混浊，囊腔内有数量不等的黄色纤维素性渗出物或干酪样物（俗称气囊炎）。

肠黏膜肿胀，有出血点，肠系膜附有大量的黄色纤维素性渗出物或干酪样物。

输卵管黏膜发炎、出血，内有干酪样物，卵泡充血、出血，破裂后掉入腹腔，造成各脏器表面附有黄色干酪样物（俗称卵黄性腹膜炎）。

发病公鸭和公鹅阴茎肿大、出血，表面有结节或溃疡，脱垂外露，不能吸回。

四、防治

1. 预防

采取全进全出制,加强饲养管理,搞好环境卫生,定期消毒,采用当地分离的大肠杆菌菌株制成疫苗接种,做好常规疫苗如病毒性肝炎、副黏病毒病等的接种工作,凡公鸭和公鹅外生殖器上出现病变一律淘汰等是预防本病的重要措施。

2. 治疗方案

(1) 根据药敏试验选择高敏抗微生物药拌料或饮水治疗,连用4~5d。

(2) 选择清热解毒、燥湿的中药治疗。

【处方1】白龙散

白头翁600g,龙胆300g,黄连100g。

【用法与用量】禽1~3g/只。

【处方2】白头翁散

白头翁60g,黄连30g,黄柏45g,秦皮60g。

【用法与用量】禽2~3g/只。

【处方3】三味拳参散

拳参1 400g,穿心莲1 000g,苦参1 600g。

【用法与用量】混饲,禽5g/kg饲料。

【处方4】白马黄柏散

白头翁300g,马齿苋400g,黄柏300g。

【用法与用量】禽1.5~6g/只。

【处方5】杨树花口服液

杨树花。

【用法与用量】混饮,禽1~2mL/L水(每毫升相当于原生药材1g)。

【处方6】杆菌灵口服液

黄连300g,黄芩600g,栀子450g,穿心莲250g,白头翁250g,甘草100g。

【用法与用量】混饮,禽1.5~2.5mL/L水(每毫升相当于原生药材1g)。

【处方7】三黄汤

黄柏120g,黄连120g,大黄60g。

【用法】水煎连同药渣,拌料混匀后供200~400只食用,每天1剂,连服3d。

【处方8】黄连100g,黄柏100g,板蓝根100g,穿心莲100g,大黄50g,龙胆草50g。

【用法】水煎连同药渣,拌料混匀后供500~1 000只食用,每天1剂,连服4d。

【处方9】石榴皮、黄芩、苦参、艾叶、诃子、大青叶、白头翁、火炭母、穿心莲、瞿麦、赤芍、甘草各等份。

【用法与用量】水煎取汁，鸭1mL/kg体重（每毫升相当于原生药材1g），每天2次，连用5d。

【处方10】白头翁110g，黄连40g，黄芩75g，连翘70g，金银花80g，白芍65g，黄柏75g，地榆85g，栀子60g。

【用法与用量】加水5 000mL，煮沸后再用文火煮30min，滤取药液，200只鹅一次灌服，或拌入饲料中喂服，每天2次，每剂药煎2次，连用3～4d。

鸭大肠杆菌病图

精神沉郁、离群、呆立

卵黄吸收不良、出血；肠肿胀、出血

心包积液，气囊混浊、增厚

心包炎

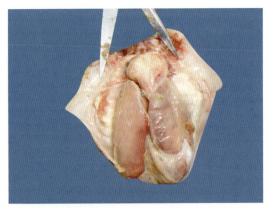

心包炎、肝周炎、气囊炎

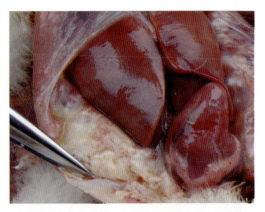

气囊附有黄白色干酪样物，肝肿大，心肌及心冠脂肪出血

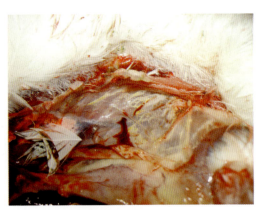

气囊上附有黄色干酪样物

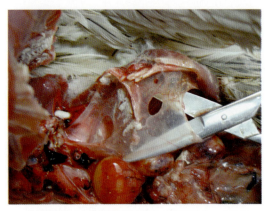

气囊混浊，附有奶油状物；卵泡出血、坏死

肝肿大、出血，被膜增厚，易脱落

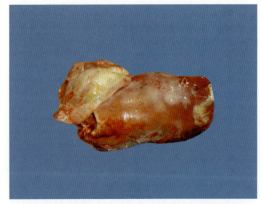

肝被膜被纤维素性渗出物覆盖，被膜易脱落

鹅大肠杆菌病图

脚蹼发绀

卵黄吸收不良，呈黄色

卵黄吸收不良

气囊上附有奶油样物

肝被膜增厚，被胶冻样物覆盖

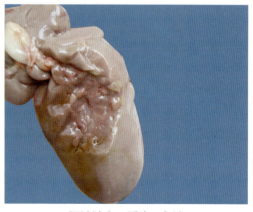

肝脏肿大、质脆、色淡

肝脏有大量出血点，肺脏出血，气囊炎

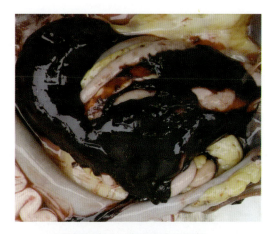

肝脏破裂后，腹腔内有血凝块

肠黏膜有黄豆粒大小的隆起

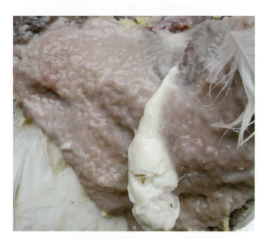

输卵管黏膜水肿，内有豆腐渣样物

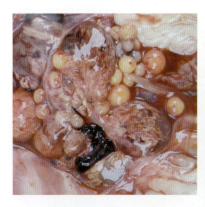

卵黄充血、出血、坏死

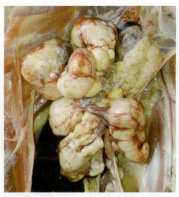

卵黄变性、坏死

卵黄性腹膜炎

第二节 鸡白痢

一、概述

鸡白痢是由鸡白痢沙门杆菌引起的禽类感染，主要危害鸡和火鸡，雏鸡拉白色糊状稀粪，死亡率高，成年鸡多为慢性经过或隐性经过，病理变化以肝脏表面有"雪花状"坏死灶、肺脏形成灰白色至灰黄色坏死性结节为特征。

二、流行病学

近几年来育成阶段的鸡及肉仔鸡发病日趋普遍。

传染源：病鸡和带菌鸡是主要传染源，某些有易感性的飞禽等也可以成为传染源。

传播途径：本病可经蛋垂直传播，也可通过孵化器、被污染的饲料、饮水、垫料、粪便、鼠类和环境等水平传播。

易感动物：各种日龄、品种和性别的鸡均有易感性，2~3周龄的雏鸡常发，发病率和死亡率最高，常呈暴发性流行，成年鸡呈慢性经过或隐性感染。

三、临床症状

病雏鸡精神沉郁，眼睛呈云雾状混浊，失明，怕冷，聚群，扎堆，排便困难，排便时伴随短促的尖叫声，拉白色粪便，有时拉棕绿色的排泄物，肛门周围的羽毛污秽、粘连等。

蛋鸡产蛋率下降，零星死亡，有"垂腹"等症。

雏鸡脑炎型和肺炎型白痢常见。

1. 脑炎型鸡白痢

雏鸡多在6~21日龄发病。

病鸡出现头颈低垂扭曲，或俯向胸前，或仰向后背部，滚翻等症。

2. 肺炎型鸡白痢

雏鸡多在3~5日龄发病，最早可在1日龄发病。

病初有轻微的呼吸道症状，中期呼吸加快，腹式呼吸，肛门口及其周围干净，后期常继发支原体病或大肠杆菌病而引起死亡，死亡鸡机体消瘦，侧卧，两腿后伸等。

四、病理变化

1. 雏鸡或青年鸡

卵黄吸收缓慢或不吸收,卵黄呈干酪样或奶油状。

初期肺脏表面有淡黄色混浊液体,中后期肺脏有灰白色至灰黄色坏死性结节。

肝脏肿大,呈砖红色,有灰白色或淡黄色的小坏死点散在,有时有出血斑点或呈条纹状出血。

心脏变形,心肌有大小不一的白色结节。

肠壁弥漫性肉芽肿,盲肠内有干酪样物充斥,形成所谓的"盲肠芯",呈香肠样,有时混有血液。

大肠、盲肠及肌胃等处有坏死灶或结节;脑膜充血;胆囊肿大;肾稍肿大、充血,输尿管因充满尿酸盐而扩张。

2. 成年鸡

肝脏肿胀、变性,表面凹凸不平,肝被膜被纤维素性渗出物覆盖。

腹水;纤维素性心包炎,心肌有白色或灰白色小结节;胰腺有细小坏死点散在等。

卵巢和卵泡变性、变色呈囊状,卵泡的内容物呈油脂样或干酪样。

卵泡与卵巢脱落后掉到腹腔形成卵黄性腹膜炎并引起肠管与其他内脏器官粘连等。

五、防治

1. 预防

建立无白痢种鸡群是关键措施,对种鸡场定期进行检疫,扑杀带菌鸡;平时加强饲养管理,搞好环境卫生,供应优质饲料,饮水充足;严格消毒,做好育雏期舍内的通风换气,温湿度及饲养密度适宜等措施,可以降低发病率。

雏鸡出壳24h内颈部皮下注射恩诺沙星注射液或头孢噻呋钠。

2. 治疗方案

(1)根据药敏试验结果,选择高敏的抗微生物药饮水或拌料治疗。

(2)选择清热解毒,燥湿止痢的中药治疗。

【处方1】鸡痢灵散

雄黄10g,藿香10g,白头翁15g,滑石10g,诃子15g,马齿苋15g,马尾连15g,黄柏10g。

【用法与用量】雏鸡0.5g/只。

【处方2】雏痢净

白头翁30g,黄连15g,黄柏20g,马齿苋30g,乌梅15g,诃子9g,木香20g,苍术60g,苦参10g。

【用法与用量】雏鸡0.3~0.5g/只。

【处方3】苦参地榆散

苦参40g，地榆30g，仙鹤草30g。

【用法与用量】混饲，雏鸡，预防量每千克饲料使用本品10g自由采食，治疗量加倍。

【处方4】三黄白金散

黄柏20g，黄连15g，白头翁50g，金银花40g，黄芩10g，木香20g，马齿苋10g，穿心莲30g，虎杖10g。

【用法与用量】雏鸡0.4~0.8g/只。

【处方5】三黄苦参散

黄连30g，黄柏15g，黄芩45g，穿心莲45g，板蓝根45g，甘草10g，雄黄5g，木香45g，苦参60g。

【用法与用量】雏鸡0.2g/只，每天2次。

【处方6】白莲藿香散

白头翁15g，穿心莲15g，广藿香15g，苦参15g，黄柏10g，黄连10g，雄黄10g，滑石10g。

【用法与用量】一次量，雏鸡0.25g，每天2~3次。

【处方7】四黄贯板散

黄连30g，黄芩35g，绵马贯众50g，板蓝根65g，大黄30g，地黄45g，焦山楂35g，甘草20g。

【用法与用量】雏鸡0.6g/只。

【处方8】泽漆止痢散

泽漆80g，穿心莲60g，板蓝根60g，苍术30g，蒲公英50g，墨旱莲50g，雄黄15g。

【用法与用量】雏鸡0.3~0.6g/只。

【处方9】穿白痢康散

穿心莲200g，白头翁100g，黄芩50g，功劳木50g，秦皮50g，广藿香50g，陈皮50g。

【用法与用量】雏鸡0.24g/只。

【处方10】龙紫散

龙胆草50g，紫花地丁50g，紫草50g，鱼腥草50g，仙鹤草50g，甘草50g。

【用法与用量】雏鸡0.3~0.6g/只。

【处方11】痢喘康散

白头翁20g，黄柏20g，黄芩20g，陈皮20g，板蓝根10g，半夏20g，大黄20g，白芍10g，石膏30g，桔梗20g，甘草10g。

【用法与用量】混饲，鸡2~4g/只。

【处方12】三黄白头翁散

黄芩200g，黄柏200g，大黄200g，白头翁200g，陈皮200g，白芍200g，地榆200g，苦参

200g，青皮200g。

【用法与用量】鸡0.5g/只。

【处方13】翁柏解毒散

白头翁120g，黄柏60g，苦参60g，穿心莲60g，木香30g，滑石120g。

【用法与用量】拌料，鸡0.6~1.2g/只，雏鸡0.2~0.4g/只，每天2次。

【处方14】白头翁康痢散

白头翁30g，黄连6g，薏苡仁10g，半夏10g，黄芪20g，黄芩30g，白扁豆15g，补骨脂5g，车前草16g，陈皮10g，艾叶30g，甘草12g，益母草30g，党参20g，桔梗16g，青蒿10g，滑石6g，蒲公英10g。

【用法与用量】混饲，鸡5g/kg饲料。

【处方15】穿虎石榴皮散

虎杖98g，穿心莲294g，地榆98g，石榴皮147g，石膏196g，黄柏98g，甘草49g，肉桂20g。

【用法与用量】混饲，鸡10g/kg饲料，连用5d。

【处方16】黄金二白散

黄芩60g，黄柏60g，金银花40g，白头翁45g，白芍45g，栀子50g，连翘40g。

【用法与用量】混饲，鸡6~12g/kg饲料。

【处方17】七清败毒散

黄芩100g，虎杖100g，白头翁80g，苦参80g，板蓝根100g，绵马贯众60g，大青叶40g。

【用法与用量】混饲，鸡5g/kg饲料，连用3d。

【处方18】青莲藿香散

藿香10g，穿心莲20g，青蒿20g，大青叶20g，当归10g，地黄30g，赤芍10g，甘草10g。

【用法与用量】拌料，鸡1.5g/kg饲料，连用3~5d。

【处方19】双黄穿苦散

黄连30g，黄芩30g，穿心莲25g，苦参20g，马齿苋15g，苍术15g，广藿香15g，雄黄10g，金荞麦30g，六神曲30g。

【用法与用量】拌料，鸡0.5~0.7g/kg体重，每天2~3次。

【处方20】三黄苦参散

黄芩154g，黄连154g，黄柏77g，栀子154g，当归77g，白术39g，大黄77g，诃子77g，白芍77g，肉桂39g，茯苓38g，川芎38g。

【用法与用量】拌料内服，一次量，鸡1g/只。

鸡白痢病图

精神沉郁，眼睛呈云雾状混浊，失明

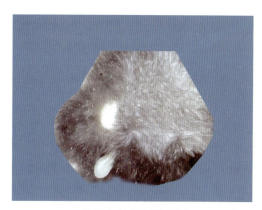

拉乳白色牛奶样粪便

糊肛

脐孔周围出血，卵黄吸收不良

卵黄囊变性

卵黄吸收差，卵黄变性

卵黄吸收不良

肝脏肿大，出血

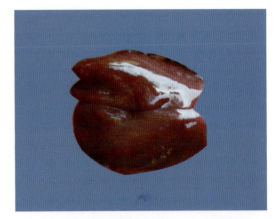
肝脏肿大，呈砖红色，表面有白色坏死点散在

肝脏表面有大小不一的坏死灶，易破碎

肝脏肿胀，有灰白色坏死点散在

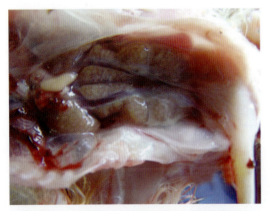
肾脏肿大，色淡，输尿管内有白色尿酸盐沉积

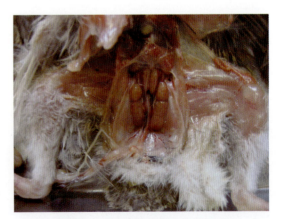
肾脏肿大，输尿管内有白色尿酸盐

第二章 细菌性疾病

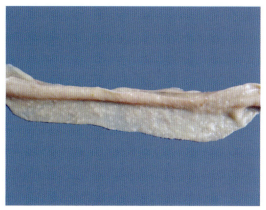
肠壁有弥漫性肉芽肿

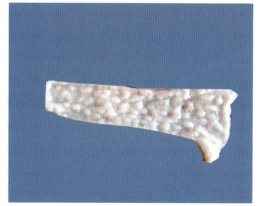
直肠形成豌豆粒大小的结节

盲肠形成肠芯

慢性鸡白痢引起盲肠肿胀呈香肠样

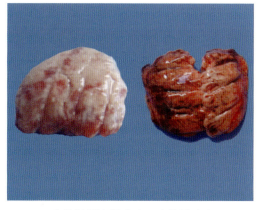
左为肺部肉样病变,右为肺瘀血

心脏变形,心肌形成大小不一的白色结节

165

胰脏形成肉芽肿

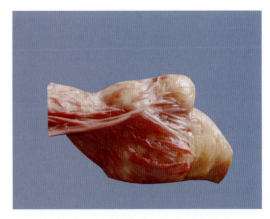
慢性鸡白痢引起的关节腔外形成脓肿

慢性鸡白痢引起的卵泡萎缩、变性，卵黄呈黄绿色

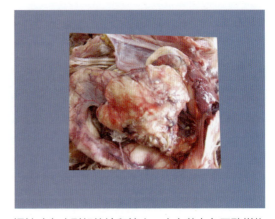
慢性鸡白痢引起的输卵管炎，内有黄白色干酪样物

慢性鸡白痢引起的输卵管炎，输卵管内充满干酪样物，切面呈轮状

雏鹅精神不振，腹泻，粪便黏稠如牛奶样，间混有黄绿色粪便（鹅的白痢）

第三节 禽伤寒

一、概述

禽伤寒是由鸡伤寒沙门杆菌引起鸡、鸭和火鸡的一种急性或慢性败血性传染病，以黄绿色下痢，肝脏肿大呈青铜色（尤其生长期和产蛋期的母鸡）为特征。本节主要介绍鸡伤寒。

二、流行病学

传染源：病鸡和带菌鸡。

传播途径：消化道感染是主要传播方式，可以经卵垂直传播，孵化器和育雏室内可引起相互传染。

易感动物：鸡和火鸡对本病易感，常感染育成鸡、成年鸡和火鸡。

三、临床症状

本病潜伏期一般为4～5d，具有发病率高，死亡率低的特点。

鸡冠、肉髯苍白，食欲废绝，渴欲增加，体温升至43℃以上，喘气和呼吸困难，腹泻，拉淡黄绿色稀粪（多见于青年鸡和成年鸡）或拉白色稀粪（多见于雏鸡）；发生腹膜炎时，呈直立姿势，康复后成为带菌鸡。

四、病理变化

雏鸡病变和鸡白痢相似，特别是肺和心肌常有灰白色结节状病灶。

青年鸡和成年鸡肝脏肿大，呈淡棕绿色或古铜色，心肌和肝表面有粟粒样灰白色小病灶散在；胆囊充盈；脾脏和肾脏充血、肿大，表面有细小坏死灶散在。

蛋鸡卵泡出血、变性、变色，因卵泡破裂后掉入腹腔常引起腹膜炎，小肠卡他性炎症，十二指肠有点状或斑点状出血，肠道内容物多为绿色，盲肠有土黄色干酪样栓塞物，大肠黏膜有出血斑，直肠肉芽肿，肠管间发生粘连等。

因与大肠杆菌病混合感染常造成心包发炎、积水等。

五、防治

1. 预防

预防方法参考鸡白痢。

2. 治疗方案

（1）根据药敏试验结果，选择高敏抗微生物药饮水或拌料治疗。

（2）选择清热解毒，燥湿止痢中药制剂治疗。

【处方1】三味拳参散

拳参1 400g，穿心莲1 000g，苦参1 600g。

【用法与用量】混饲，禽5g/kg饲料。

【处方2】杨树花口服液

杨树花。

【用法与用量】混饮，禽1~2mL/L水（每毫升相当于原生药材1g）。

【处方3】白头翁散加减

黄连30g，黄柏45g，秦皮60g，白头翁60g，马齿苋60g，滑石45g，雄黄30g，诃子45g，藿香30g。

【用法与用量】共为末，按2.5%比例拌料喂给作为预防；也可水煎去渣，药液加水稀释至每千克水含生药20g浓度，替代饮水用于病鸡治疗，连续使用5d。

【处方4】加味白头翁散

白头翁50g，黄柏20g，黄连20g，秦皮20g，乌梅15g，大青叶20g，白芍20g。

【用法与用量】共研细末，混匀。前3d每只鸡每天1.5g，后4d每天1g，混入饲料中喂给，连续用药7d。病重不能采食者，人工投喂。

【处方5】雄黄15g，甘草35g，白矾25g，黄柏25g，黄芩25g，知母30g，桔梗25g。

【用法与用量】碾粉，供100只成年鸡一次拌料喂服，连服3d。治疗时，多饮水。

鸡伤寒病图

精神沉郁，羽毛蓬松

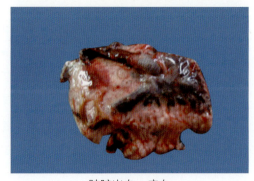

肺脏出血、瘀血

第二章　细菌性疾病

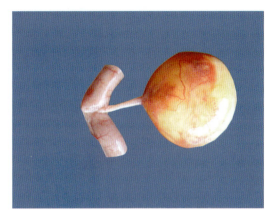

卵黄吸收差，卵黄变性

脾脏肿胀，被膜破裂引起出血，肝脏呈淡青铜色

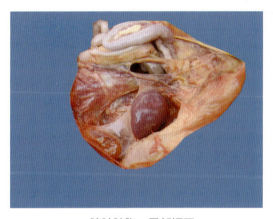

脾脏肿胀，局部坏死

肝脏肿胀、出血，有白色坏死点散在

肝脏肿大，呈青铜色

大肠杆菌病与伤寒混合感染引起的肝被膜增厚、脱落，被膜脱落后肝脏呈青铜色

直肠形成弥散性肉芽肿

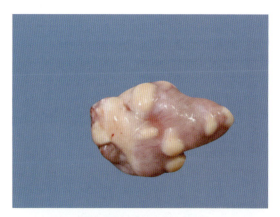
慢性病例心脏形成肉芽肿

卵泡变性、变色、萎缩等

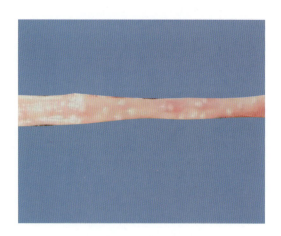
直肠肉芽肿（鸭伤寒）

鸽的伤寒病图

肝脏肿大、出血，局部坏死，有白色坏死点散在

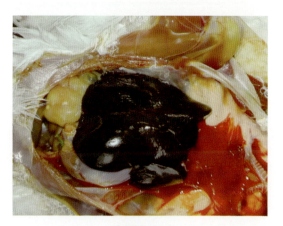
青铜肝（1）

青铜肝（2）

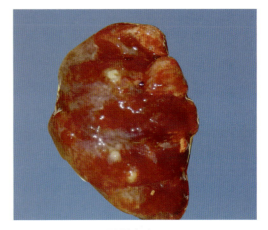
肺脏出血

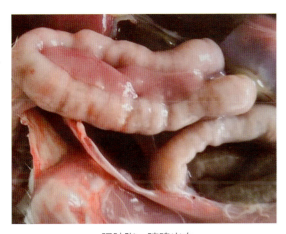
肠肿胀，胰腺出血

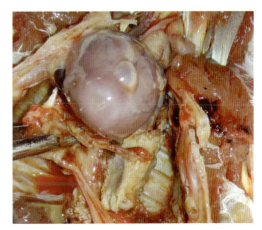
肺脏坏死

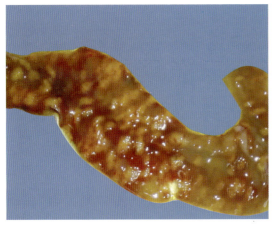
肠壁形成大小不一的肉芽肿

肾脏坏死

第四节 禽副伤寒

一、概述

禽副伤寒是由带鞭毛运动的沙门杆菌引起的禽类疾病。不仅各种家禽均易感，而且也能广泛感染人，目前其污染的家禽和相关制品已成为人类沙门杆菌和食物中毒的主要来源之一。因此，防治禽副伤寒沙门杆菌病具有重要的公共卫生意义。本书主要介绍鸡、鸭、鹅副伤寒。

二、流行病学

传染源：带菌禽和病禽是主要传染源。

传染途径：可经蛋垂直传播，也可经呼吸道、消化道、损伤的皮肤传播，而经蛋垂直传播使疾病的清除更为困难。

易感家禽：各种日龄的禽均可感染，尤其幼禽易感，如2～5周龄的雏鸡及雏鸭、雏鹅，青年禽和成年禽为慢性经过或隐性感染。

传播媒介：被污染的蛋、料、水、用具、孵化器、育雏器、环境、鼠类和昆虫等均是传播媒介，野鸟、猫、饲养人员也都可能成为副伤寒杆菌的机械传播者。

诱发因素：在闷热、潮湿、拥挤的环境，球虫病、传染性法氏囊病、病毒性肝炎及营养代谢病等疾病存在时会增加禽对本病的敏感性，促进本病的流行与发生。

三、临床症状

1. 鸡副伤寒

雏鸡多在2周龄内发病，常于1～2d死亡，多呈急性或亚急性经过，临床症状与鸡白痢相似。

病鸡垂头闭眼，翅膀下垂，呆立，离群，嗜睡，厌食，饮水增加，怕冷挤堆，抽搐，拉淡黄绿色水样稀粪，肛门周围羽毛被稀粪沾污；有的关节肿胀，呼吸困难；严重感染时，出现结膜炎、鼻窦炎和眼盲。

成年鸡一般为慢性经过，呈隐性感染。

2. 鸭鹅副伤寒

急性病例在出壳前死亡，死胚增多，或出壳后前几天发生死亡。

呆立，嗜睡，翅膀下垂，羽毛蓬松，扎堆聚群。

采食量下降，饮水量增加；拉黄绿色稀粥样或水样便，肛门周围被粪便污染。

眼结膜发炎，流泪，眼睑水肿、粘连，严重时失明。

鼻孔流浆液性或黏液性分泌物，呼吸困难，颤抖，共济失调，角弓反张，最后抽搐死亡。

成年鸭鹅无明显症状，呈隐性经过。

四、病理变化

1. 鸡副伤寒

最急性的鸡一般没有明显的病变，肝脏肿大，表面有细小的出血点，胆囊充盈等。

病程稍长的雏鸡主要为脐炎，卵黄凝固或吸收不良；肝脏肿大呈古铜色，表面有点状或条纹状出血、灰白色坏死灶；肺脏发生灶性坏死；脾脏肿大，表面有斑点状坏死灶；心包炎，心肌炎，肾肿大、充血；十二指肠为出血性肠炎，盲肠扩大被淡黄色干酪样物堵塞。

成年鸡消瘦，出血性或坏死性肠炎；肝、脾、肾充血肿大；心脏有坏死结节；卵泡偶有变性，卵巢有化脓性和坏死性病变，卵黄性腹膜炎等。

2. 鸭鹅副伤寒

雏鹅鸭卵黄吸收不良和脐炎，卵黄黏稠，色深，俗称"大肚脐"。

胆囊肿大，充满黏稠的胆汁；肺脏充血、出血；脾脏肿大，色暗淡，呈斑驳状。

部分病例为气囊炎、关节炎、心包炎等。

肝肿大（鹅肝脏呈古铜色，肝脏表面有灰白色或灰黄色坏死灶）、充血，色泽不均呈黄色斑点，肝实质内有细小灰黄色坏死灶（副伤寒结节）。

肠道呈卡他性炎症，肠黏膜充血、出血，淋巴滤泡肿胀，常凸出于肠黏膜表面，小肠后段、直肠和盲肠肿胀呈斑驳状，盲肠内有白色豆腐渣样物。

输卵管炎，卵泡变性、充血、坏死，卵黄性腹膜炎等。

五、防治

1. 预防

预防方法参考鸡白痢。

2. 药物治疗

（1）根据药敏试验结果，选择高敏的抗微生物药饮水或拌料。

（2）选择清热解毒、燥湿止痢的中药方剂治疗。

【处方1】三味拳参散

拳参1 400g，穿心莲1 000g，苦参1 600g。

【用法与用量】混饲，禽5g/kg饲料。

【处方2】白龙散

白头翁600g，龙胆300g，黄连100g。

【用法与用量】禽1~3g/只。

【处方3】白头翁散

白头翁60g，黄连30g，黄柏45g，秦皮60g。

【用法与用量】禽2~3g/只。

【处方4】白马黄柏散

白头翁300g，马齿苋400g，黄柏300g。

【用法与用量】禽1.5~6g/只。

【处方5】杨树花口服液

杨树花。

【用法与用量】混饮，禽1~2mL/L水（每毫升相当于原生药材1g）。

【处方6】黄连40g，黄芩40g，黄柏40g，金银花50g，桂枝45g，艾叶45g，大蒜60g，焦山楂50g，陈皮45g，青皮45g，甘草40g。

【用法与用量】水煎，分3次供10日龄1 000只雏鸡拌料并饮水，每天1剂，连用5~7d。10日龄至5月龄，日龄每增加10d，剂量增加0.1倍。

【应用】用本方治疗鸡沙门杆菌病，用药3d，鸡群病情明显好转，连续用药2d，病鸡症状全部消失，治愈率为96%。预防方法为3周龄前每周给药1次，1~5月龄每月给药1次，即可有效地防止鸡沙门杆菌病的发生。

【处方7】血见愁40g，车前草30g，茵陈30g，桔梗30g，鱼腥草30g，马齿苋30g，地锦草30g，墨旱莲30g，蒲公英45g。

【用法与用量】煎汁，按每只10mL，让鸡自饮。预防量减半。

【应用】用本方治疗典型鸡副伤寒，3h见效。第2天控制住鸡群死亡，连用2~3d可愈。治愈率达98.2%。

【处方8】黄连20g，黄芩20g，黄柏20g，栀子20g，五倍子20g，甘草20g，金银花20g，肉豆蔻20g，前胡20g，白头翁20g，焦山楂30g，秦皮30g，陈皮30g。

【用法与用量】水煎，分3次供300只21日龄雏鸡1日拌料兼饮水，连用3d。1月龄后至成年鸡（5月龄），每增加1月龄，剂量增加0.3倍。

【应用】用本方治疗多种西药治疗无效的罗曼褐商品代雏鸡沙门杆菌病，用药第2天鸡群停止死亡，第3天病鸡开始采食，1周后痊愈。健康鸡群于2周龄左右及5~6月龄给药1次，能有效地防止该病发生。

【处方9】马齿苋20g，地锦草20g，蒲公英20g，车前草10g，金银花10g，凤尾草10g。

【用法与用量】加水煎成1 000mL，供100只雏鸡1d自由饮用或拌料喂服，连服3～5d。

【应用】用本方治疗鸡副伤寒10余群，治愈率均在93%以上。

【处方10】狼牙草10g，血箭草9g，车前子6g，白头翁6g，木香6g，白芍8g。

【用法与用量】煎汁拌料，每1 000只10日龄雏鸡1次喂服，连喂5～7d。

【处方11】金银花90g，仙鹤草90g，青皮90g，山楂90g，黄连80g，黄芩80g，黄柏90g，赤芍80g，龙胆草80g，血余炭80g，白花地丁80g，丹参70g，地榆70g，莱菔子100g。

【用法与用量】上药浸泡后加入4倍量的洁净水煎煮，去渣取汁供780只鸭饮用，每天1剂分2次服完，连用4剂，效果明显。

鸡的副伤寒病图

精神不振

肝脏有灰白色如"雪花样"的坏死灶

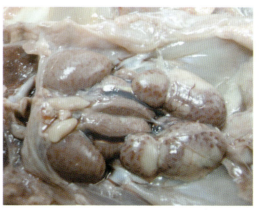

肾脏肿大、出血

鸭的副伤寒病图

拉黄白色水样粪便

肝脏有白色坏死灶散在

传染性浆膜炎与副伤寒混合感染引起肝脏背膜增厚，呈古铜色

肝肿大（鹅肝脏呈古铜色，肝脏表面有灰白色或灰黄色坏死灶）、充血，色泽不均呈黄色斑点，肝实质内有细小灰黄色坏死灶（副伤寒结节）

肝脏肿大呈深古铜色

第五节 禽霍乱

一、概述

禽霍乱又称禽巴氏杆菌病、禽出血性败血症（简称禽出败），是由多杀性巴氏杆菌引起的主要侵害禽类的一种接触性传染病。本书重点介绍鸡、鸭、鹅霍乱。

二、流行病学

本病四季均可发生，高温、潮湿、多雨的夏秋两季及气候多变的春季容易发生。

传染源：病禽、带菌禽及其他病禽是主要传染源。

传染途径：经呼吸道、消化道、黏膜或皮肤外伤传染，在饲养密度较大、舍内通风不良等情况下，通过呼吸道传播的可能性更大。

易感动物：各种日龄的禽均可感染发病，鸡、火鸡、鸭、鹅、鹌鹑易感，雏鸡很少发生。

传播媒介：病死禽的尸体、粪便、分泌物和被污染的用具、土壤、饲料、饮水及吸血昆虫、苍蝇、鼠、猫等均可能成为传播媒介。

诱发因素：病菌是一种条件性致病菌，常存在于健康禽的呼吸道及喉头，在某些健康鸡体内也存在该菌，当饲养管理不当，禽舍阴暗、潮湿、拥挤，天气突变，营养缺乏，长途运输，禽群发生其他疾病等情况下常诱发本病。

三、临床症状

1. 鸡霍乱

本病潜伏期 2～9d，分为最急性型、急性型和慢性型。

（1）最急性型：产蛋高峰鸡多发。

几乎见不到症状，突然倒地死亡，一般在早晨发现死鸡。

（2）急性型：大部分由最急性型病例转化而来。

精神委顿，羽毛松乱，呼吸困难，口鼻流多量黏液并混有泡沫；鸡冠和肉髯发紫，肉髯水肿、发热和疼痛；剧烈腹泻，拉淡黄绿色粪便，体温升高到43℃以上，多在1～3d死亡，蛋鸡产蛋量减少或停止。

（3）慢性型：多流行于发病后期或由急性病例转化而来，或由毒力较弱的菌株感染引起，病程可达几周，最后衰竭死亡。

病鸡肉髯、鸡冠、耳片发生肿胀和坏死，鼻窦肿大，鼻腔分泌物增多，分泌物有特殊臭味，关节肿胀、化脓，运动障碍，腹泻等症状。

2. 鸭霍乱

鸭霍乱多为急性型，发病急，死亡快，病程1~3d。

精神不振，翅膀下垂，离群独卧，眼半闭，少食或不食，饮水量增加，停止鸣叫。

口、鼻流黏液，呼吸困难，张口呼吸，摇头，俗称为"摇头瘟"。

腹泻，排灰白色或绿色腥臭稀粪，部分混有血液。

部分病鸭两脚瘫痪，不能走路，不愿下水，即使下水，行动缓慢，常落于鸭群后面。

3. 鹅霍乱

成年鹅霍乱的症状与鸭相似，仔鹅发病率和死亡率较成年鹅严重，常以急性经过为主。病鹅精神委顿，食欲废绝，腹泻，喙和蹼发紫，眼结膜有出血斑点，病程1~2d。

四、病理变化

1. 鸡霍乱

（1）最急性型：鸡冠、肉髯呈紫红色，心外膜有出血点，肝表面有针尖大的灰黄色或灰白色坏死点。

（2）急性型：皮下组织和腹腔脂肪及肠系膜、浆膜和黏膜有大小不等的出血点。

冠状沟和心外膜有出血点，心包积有淡黄色液体，混有纤维素性物，心冠脂肪及其他部位脂肪有出血点或片状出血等。

肝脏肿大、质脆，呈紫红色、棕黄色或棕红色，表面有针尖至针头大小的灰黄色或灰白色坏死点，有时点状出血。

肺脏瘀血、出血、水肿，胸腔、腹腔、气囊和肠浆膜等处有纤维素性或干酪样灰白色渗出物。

肌胃出血，十二指肠等肠道呈卡他性和出血性肠炎，黏膜充血、出血，内容物混有血液，有的肠系膜覆盖黄色纤维素性物。

（3）慢性型：呼吸道症状严重时，鼻腔、气管和支气管内有大量的黏性分泌物，肺脏质地稍硬，火鸡有肺炎变化。

肉髯水肿、坏死，内有干酪样渗出物。

运动障碍时，关节肿大、变形，内有炎性渗出物和干酪样坏死物。

卵巢充血、出血，卵黄破裂掉入腹腔后形成卵黄性腹膜炎。

2. 鸭鹅霍乱

尸僵完全，皮肤上有少数散在的出血点。

心冠脂肪、心内膜及心肌充血、出血，心包积有透明的澄清黄色渗出液，有的混有纤维素性絮片。

肝脏肿大，有针帽大小的出血点与坏死点，脂肪变性。

肠道充血、出血，小肠前段最严重，小肠内混有血液，为出血性肠炎。

气管充血、出血，内有黏液；肺脏瘀血、出血。

发生关节炎时，关节面粗糙，关节囊增厚，红色或灰黄色黏稠的关节液增多，或有黄色的干酪样物质或肉芽组织。

五、防治

1. 预防

采用当地分离株制成的自家苗免疫是预防本病的关键措施。平时加强饲养管理，搞好环境卫生，严格执行卫生消毒制度，坚持自繁自养制，引种时须从无疫区购买，新引进的家禽要隔离饲养半个月，观察无病时方可混群饲养，日龄不同的禽不能混合饲养等措施可以降低发病率。发病后立即对发病的场所、饲养环境和管理用具等彻底消毒，粪便及时清除，堆积发酵；尸体要全部烧毁或深埋。

2. 治疗方案

（1）根据药敏试验结果，选择高敏的抗微生物药饮水或拌料。

（2）采用清热解毒、燥湿止痢的中药制剂治疗。

【处方1】清热止痢散

石膏70g（氨水浸泡风干），知母5g（煅炭），黄连5g（煅炭），大黄5g（煅炭），葛根5g（煅炭），土茯苓5g（煅炭），金银花5g（煅炭）。

【用法与用量】内服，鸡2~5g/只。

【处方2】黄马莲散

黄芩100g，马齿苋100g，穿心莲200g，山楂50g，地榆100g，蒲公英100g，甘草50g，鱼腥草200g。

【用法与用量】拌料，鸡1g/只。

【处方3】甲紫25g，贯众15g，葛根80g，紫草50g，黄连70g，板蓝根20g，穿心莲30g。

【用法与用量】水煎成2 000mL，加红糖200g，大蒜汁少许，候温后供750只成年鸡饮用，每天1剂，每剂煎服3次。

【应用】使用本方治疗禽霍乱，用药2d后病鸡症状减轻，至第5天后症状基本消失。

【处方4】雄黄30g，白矾30g，甘草30g，金银花15g，连翘15g，茵陈50g。

【用法与用量】粉碎研末拌入饲料投服，每只每次0.5g，每天2次，连用5~7d。

【应用】用本方治疗禽霍乱治愈率在96%以上。

【处方5】茵陈100g,半枝莲100g,大青叶100g,白花蛇舌草200g,生地黄150g,藿香50g,当归50g,车前子50g,赤芍50g,甘草50g。

【用法与用量】以上药物煎汤,供300只鸡分3~6次服用。

【处方6】白头翁60g,连翘20g,黄连40g,黄柏40g,金银花40g,野菊花80g,板蓝根80g,明矾80g,蒲公英80g,雄黄4g。

【用法与用量】共为末(雄黄研细)充分混匀,按4%比例拌料或每天每千克体重2g水煎取汁饮服。

【应用】治疗急性禽霍乱。

【处方7】穿心莲6g,板蓝根6g,蒲公英5g,墨旱莲5g,苍术3g。

【用法与用量】混合粉碎拌料,鸡5g/只,连用3d(对原处方进行了修改)。

【应用】本方适用于治疗慢性禽霍乱,治愈率85.1%,对人工发病鸡进行防治试验,保护率100%。

【处方8】茵陈60g,大黄60g,茯苓60g,白术60g,泽泻60g,车前子60g,白花蛇舌草80g,半枝莲80g,生地黄50g,生姜50g,半夏50g,桂枝50g,白芥子50g。

【用法与用量】为100只鸡一次用量。水煎取汁饮服或粉碎拌入饲料喂给。

【应用】治疗慢性禽霍乱。

【处方9】黄连须、黄芩、黄柏、黄药子、金银花、栀子、柴胡、大青叶、防风、雄黄、明矾、甘草各等份。

【用法与用量】粉碎后,内服,按2g/kg体重用药,每天2次,连用3d。

【处方10】黄连解毒汤加味

黄连450g,黄芩300g,黄柏300g,栀子450g,穿心莲450g,板蓝根450g,山楂1 000g,神曲1 000g,麦芽1 000g,甘草200g。

【功效】清热解毒,健脾消食。

【用法与用量】水煎拌料喂服,每天1剂,连用3剂。供2 000只肉鸭、肉鹅服用。对不食者取煎液直接灌服。

【处方11】黄连60g,黄芩60g,黄柏60g,大黄60g,苍术30g,厚朴40g,甘草30g。

【用法与用量】浓煎,煮谷饲喂400~500只成鸭。

【处方12】大黄25g,黄芩25g,乌梅30g,白头翁30g,苍术20g,当归15g,党参15g。

【用法与用量】煎汁去渣,供1 000只雏鸭1次喂服。

【处方13】板蓝根600g,蒲公英500g,穿心莲600g,苍术300g。

【用法与用量】共为细末,根据年龄体重按每只2~5g一次内服。每天2次,连用3d。预防量减半。

【应用】鹅霍乱。

【处方14】黄连150g，黄柏150g，秦皮150g，建曲100g，谷芽100g，山楂100g，乌梅100g，甘草100g。

【用法与用量】粉碎，供1 000只种鹅一次内服。

【应用】用本方防治鹅的禽出血性败血病，第2天病鹅大便开始成形，食欲明显好转，服第2剂药后，病鹅大便、食欲恢复正常，死亡得到控制，半个月后产蛋率明显提高，以后每隔15d服药1剂，在服药期间，控制了该病的再度发生，产蛋率也始终正常。该方在种鹅饲养户中，共使用7户，累计鹅只达3 200只，都能控制疾病的发生。

（3）严重病例皮下或肌内注射禽霍乱高免血清1～2mL/只，连用2～3d。

鸡的霍乱病图

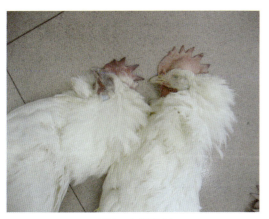

鸡冠、肉髯发绀

肉垂肿胀

肝脏肿胀、瘀血，被膜下有针尖样坏死

肝脏肿胀、出血，有白色坏死点散在

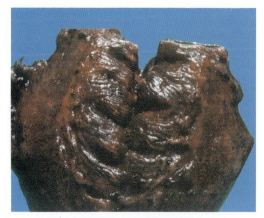
肺脏瘀血、出血和水肿

心冠脂肪点状出血

心冠脂肪片状出血

心冠脂肪出血，心肌出血、坏死

心肌有出血斑，心冠脂肪点状出血

大肠杆菌病与禽霍乱混合感染引起的心冠脂肪及心包出血，心包炎

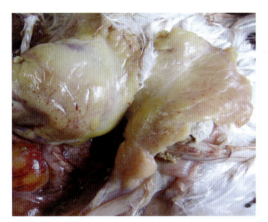
脂肪广泛性点状出血

成年蛋鸡腹部脂肪点状出血

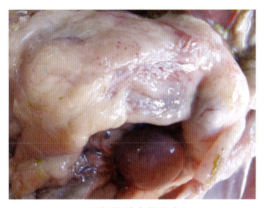
胃部脂肪点状出血

胸骨下脂肪点状出血

鸭的霍乱病图

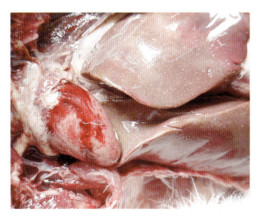
肝脏有针尖大小的灰白色坏死点散在，心冠脂肪点状出血，心肌片状出血

肝脏有针尖大小白色的坏死点散在，心冠脂肪点状出血，心肌有点状出血或出血斑

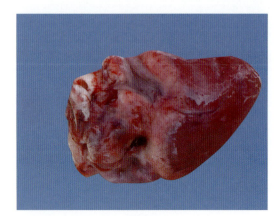
心冠脂肪出血

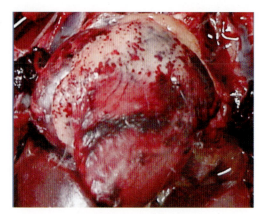
冠状脂肪出血，心肌出血

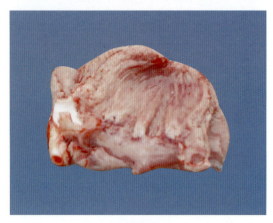
心肌出血

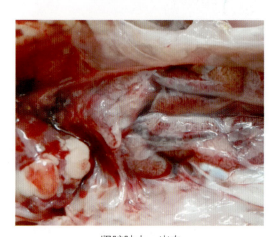
肾脏肿大、出血

肠管肿胀，淋巴滤泡集合处形成出血斑

肠黏膜点状出血

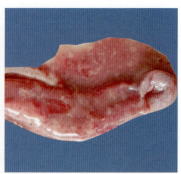
出血性肠炎

鹅的霍乱病图

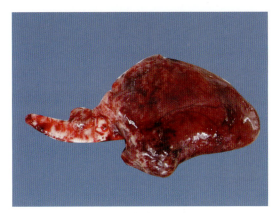

心冠脂肪与心肌出血

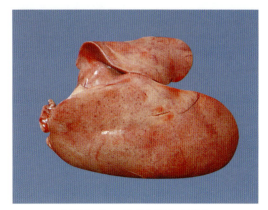

肝脏肿大，表面有出血点散在

肝脏肿大、出血，有白色坏死点散在

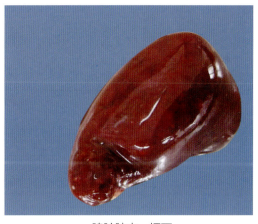

脾脏肿大、坏死

胰腺点状出血

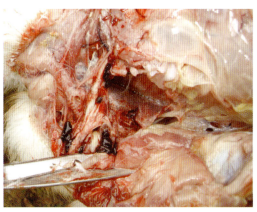

肺脏充血、出血、坏死

肠道出血,淋巴滤泡集合处肿胀

肠管内淋巴滤泡集合处肿胀、出血

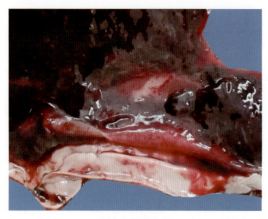
肠管内有血凝块

直肠黏膜出血

第六节 禽曲霉菌病

一、概述

禽曲霉菌病是由曲霉菌引起的一种真菌性呼吸道传染病，又名曲霉菌性肺炎、雏鸡肺炎。曲霉菌病临床以喘气、咳嗽为特征，病理变化为肺、气囊及胸腹腔浆膜表面形成曲霉菌性结节或菌斑，偶见于眼、肝、脑等组织。本书主要介绍鸡、鸭、鹅的曲霉菌病。

二、流行病学

传染源：病禽、霉变的饲料及被污染的垫料、孵化器、饮水、空气等是主要传染源。

传播途径：呼吸道和消化道为主要传播途径，以吸入携带曲霉菌孢子的空气感染为主，也可以在蛋中感染，还可经消化道及被污染的孵化器传染。

易感动物：多种禽类均可发病。鸡、鸭、鹅、鸽、火鸡及多种水鸟均易感，雏禽最易感，20日龄内的雏禽多呈暴发性，发病率和死亡率高，成年禽多呈散发。

诱发因素：空气污浊、通风不良、湿度大、温度高、垫料或谷物霉变等因素可诱发本病，并加重曲霉菌病病情。

三、临床症状

1. 鸡曲霉菌病

雏鸡发病后精神不振，羽毛松乱，翅膀下垂，闭目嗜睡，食欲减退，生长停滞，消瘦、贫血；鸡冠和肉髯呈紫色，结膜潮红，眼睑肿胀，一侧眼瞬膜下形成绿豆粒大小的隆起，可挤压出黄白色干酪样物，有的角膜中央溃疡；病雏鸡张口呼吸，头颈伸直，喘气，摇头、甩鼻、打喷嚏等；部分病雏鸡扭颈，头向后背，转圈，共济失调，全身痉挛，消化功能紊乱，下痢等。

育成鸡和成年鸡多为慢性经过。病鸡羽毛松乱，呆立，发育不良，消瘦，贫血，下痢，呼吸困难，死亡等；产蛋鸡产蛋减少或停产，病程数天至数月，若种蛋或其孵化时受霉菌侵害，则孵化率下降，胚胎死亡率增加。

2. 鸭鹅曲霉菌病

精神沉郁，羽毛无光泽，食欲减退或废绝，饮水量增加，缩颈嗜睡，不喜行动，不愿游水，常蹲在一边不动。

鼻孔流浆液性鼻涕，咳嗽，呼吸困难，严重时头向上伸直，口张开，用力吸气，并发出咯咯叫声和粗大喘鸣声。

流泪，下眼睑黏着闭合，眼结膜囊内有灰白色或黄色干酪样物阻塞，角膜混浊，逐渐失明。

粪便稀薄初带白色，很快变为铜绿色粪汁，双腿麻痹。

病情严重时，头、眼睑和上颈部明显水肿；口角、咽喉等处均附有较厚的灰白色或黄色假膜状物。

慢性病例表现为跛行，逐渐消瘦而死。

四、病理变化

本病以肺、气囊以及胸腹腔浆膜等处表面形成曲霉菌性结节或菌斑为典型病理特征。

1. 鸡曲霉菌病

气囊壁点状或局限性混浊，增厚，有大小不等的霉菌结节，或有肥厚隆起的圆形霉菌斑，隆起中心凹下呈深褐色或烟绿色，拨动时见粉状飞扬。

肺脏的霉菌结节形状与大小不一，结节呈黄白色、淡黄色、灰白色，散在分布于肺，稍柔软，有弹性，切开呈干酪样，少数融合成团块。

大脑脑回有粟粒大的霉菌结节，大、小脑轻度水肿，表面有针尖大小的出血点，黄豆粒大小的淡黄色坏死灶。

肌胃、腺胃、小肠、肾脏等处有霉菌结节，肝肿大2～3倍，有结节或弥漫型的类肿瘤病状。

胸前皮下和胸肌等处有大小不等的圆形或椭圆形肿块。

气管、支气管黏膜充血，有淡灰色渗出物。

2. 鸭鹅曲霉菌病

鼻黏膜上覆盖污灰色坏死假膜或黄色假膜，将鼻道完全阻塞，假膜剥离后鼻道黏膜呈弥漫性出血。

喉头、气管、口角等处有较厚的灰白色或黄色假膜状物，难剥离，剥离后呈出血斑样。

气囊、肺脏、胸膜腔浆膜、胃和肠管浆膜等处有大小不等的霉菌结节，结节颜色多样化如灰白色、黄白色或淡黄色，结节富有弹性，硬度呈软骨样，有一定的层次，中心呈干酪样坏死组织。

食管和膨大部有麸皮状膜附着于黏膜口，易剥离；腺胃黏膜有出血烂斑，腺胃与肌胃交界处有大小不等的出血溃疡；小肠、直肠黏膜出血。

心外膜出血；肝脏肿大，质脆呈古铜色，有暗红色出血斑点；胆囊充盈；肾脏及脾脏出血等。

五、防治

1. 预防

加强饲养管理，搞好环境卫生，避免饲料和垫料发霉，禁用发霉的饲料和垫料，加强通风，控制饲养环境的温度和湿度，定期清洗用具，并对环境和用具严格消毒，供应无污染的饮用水，垫料要常更换和翻晒等是预防曲霉菌病的重要措施。

2. 治疗方案（其他禽类的治疗参考鸡的治疗方案）

（1）制霉菌素：每100只雏禽用50万~100万IU，拌料喂服，日服2次，连用2~3d；或克霉唑每100只雏鸡用1g，拌料喂服，连用2~3d；或1∶3 000的硫酸铜溶液；或0.5%~1%的碘化钾溶液饮水，连用3~5d。

（2）中药辅助治疗。

【处方1】鱼腥草100g，肺形草60g，蒲公英50g，山海螺50g，桔梗40g，筋骨草40g。

【用法与用量】混合粉碎后，拌料40~50kg喂服，连用5~7d。预防时，拌料100kg，连用3~4d。

【应用】用本方治疗鸡曲霉菌病，效果显著。

【处方2】桔梗250g，蒲公英500g，鱼腥草500g，苏叶500g。

【用法与用量】以上为1 000只鸡1日用量，用药液拌料喂服，每天2次，连用1周。

【应用】用本方治疗鸡曲霉菌病。

【处方3】鱼腥草100g，蒲公英50g。

【用法与用量】以上为100只鸡1日用量。煎汤取汁，盛入饮水器代替饮水，连服2周。

【应用】用此方治疗鸡曲霉菌病，效果良好。配合肌内注射鱼腥草注射液，每次每只0.3mL，每天3次，连用7d，效果更好。

【处方4】鱼腥草360g，蒲公英180g，黄芩90g，葶苈子90g，桔梗90g，苦参90g。

【用法与用量】以上为200只雏鸡用量，每只病鸡每次0.1g，每天3次，连服3d。

【应用】用本方治疗曾用多种抗生素治疗无效的雏鸡曲霉菌病，治愈率为96.8%。

【处方5】桔梗2份，连翘3份。

【用法与用量】混合粉碎，在饲料中按0.5%添加，连用5d。

【应用】应用本方同时配合含螺旋霉素0.04%的水溶液供鸡自由饮用，药液现用现配，连续饮用5d。治疗1d后，产蛋量即有所回升，治疗5d后，产蛋率恢复到病前状况，并追踪观察至4周，未见异常变化。

【处方6】金银花30g，蒲公英30g，炒莱菔子30g，牡丹皮15g，黄芩15g，柴胡18g，知母18g，生甘草12g，桑白皮12g，枇杷叶12g，鱼腥草50g。

【用法与用量】将上药煎汤取汁1 000mL，拌料供100只鸡1次服用，每天2次。

【应用】用本方治疗鸡曲霉菌病。

【处方7】独活寄生汤加减

独活100g，桑寄生160g，秦艽60g，防风60g，细辛18g，牛膝50g，川芎60g，芍药60g，生地黄50g，当归100g，党参140g，杜仲60g，甘草45g，苍术80g，防己60g，车前子100g，薏苡仁100g，莱菔子250g。

【用法与用量】水煎，供420只鸡一次投服。

【应用】用本方治疗黄曲霉毒素中毒鸡414只，治愈率为98.6%。

【处方8】柴胡70g，黄芩70g，黄芪70g，防风40g，丹参40g，泽泻60g，五味子30g。

【用法与用量】水煎，供500只肉雏鸡一次内服。对于无法采食和饮水的弱雏，人工灌服。

【应用】用本方治疗鸡曲霉毒素中毒，4h后死亡得到控制，连续用药5d，鸡群恢复健康。

鸡的曲霉菌病图

雏鸡呼吸困难，张口伸颈呼吸

霉菌感染引起失明

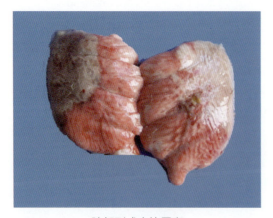

肺部形成大块霉斑

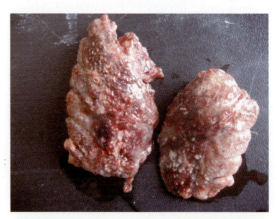

肺部瘀血，肺脏形成小米粒大小的霉菌结节

肺部有豆腐渣样霉菌大结节

肺部有大小不一的黄色霉菌结节

肺和气囊形成米粒状霉菌结节

气囊增厚，有点状霉菌斑散在

气囊形成黑色菌斑

心脏形成霉菌结节

腺胃及肌胃处形成黄色的轮状霉菌结节

食管、腺胃交界处形成大的霉菌结节

腺胃乳头水肿，腺胃、肌胃交界处黏膜脱落，肌胃角质层易脱落或溃疡，形成霉菌结节

肌胃糜烂，角质层脱落

肌胃溃疡

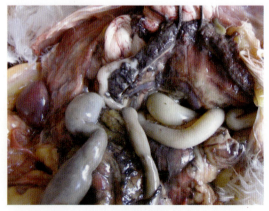
肠系膜变黑

小肠形成大的霉菌结节

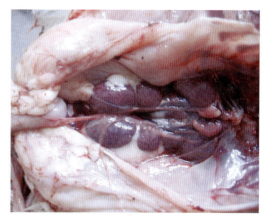
肾脏肿大、出血，被膜上形成霉菌结节

输卵管有黄绿色霉菌斑散在

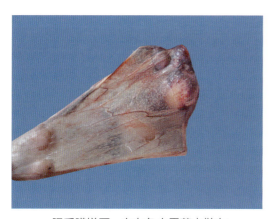
肠系膜增厚，有白色小霉菌点散在

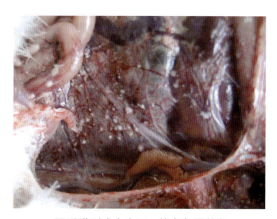
肠系膜形成大小不一的白色霉菌斑

鸭的曲霉菌病图

扭颈

张口呼吸，流泪

鼻腔流出黏液，混有黄白色的絮状物

喉头及气管有出血点

颅骨出血

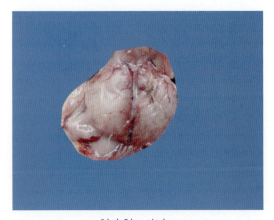

脑水肿、出血

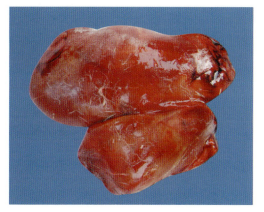
肝脏肿大、出血，部分肝组织坏死

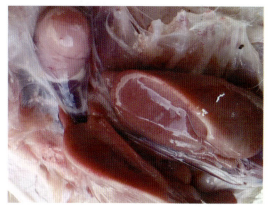
肝脏硬化

肝脏呈网格样出血

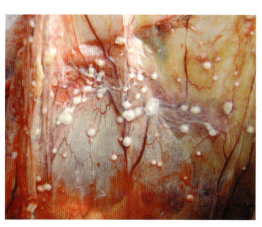
气囊形成许多大小不等的霉菌结节

肾脏出血

肺脏形成大小不等的霉菌结节

肺脏及龙骨等处形成霉菌结节

肌胃角质层溃疡

肌胃角质层溃疡，肌肉层出血，腺胃乳头消失

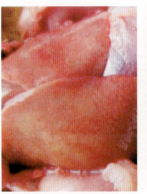
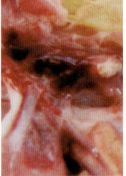
雏鸭黄曲霉毒素中毒与曲霉菌病混合感染

鹅的曲霉菌病图

精神不振

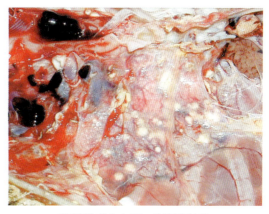
肺脏形成大小不一的霉菌结节

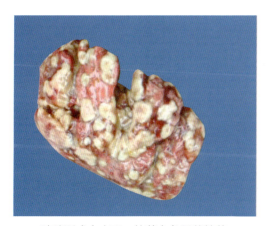
肺脏形成大小不一的黄白色霉菌结节

肺脏组织中有大小不一的黄色霉菌结节

气囊形成大小不一的类肿瘤霉菌结节

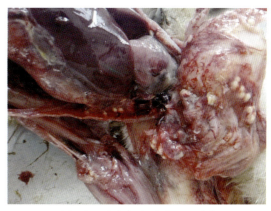
胸气囊形成白色类肿瘤霉菌结节

胸骨内侧形成黄白色霉菌结节

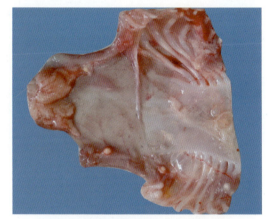
胸骨、龙骨等处形成类肿瘤霉菌结节

十二指肠形成白色类肿瘤霉菌结节

肝脏肿大，霉菌结节呈弥漫性

肾脏肿大、苍白，霉菌结节呈弥漫性

鹌鹑的曲霉菌病图

腹气囊上形成黄色霉菌结节

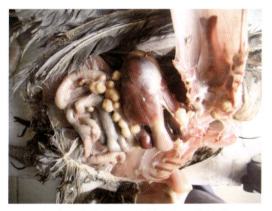

气囊形成大小不一的黄白色霉菌结节

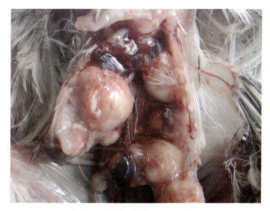

气囊形成较大的霉菌结节

第七节 鸡传染性鼻炎

一、概述

传染性鼻炎是由副鸡嗜血杆菌引起的一种急性呼吸道疾病，以鼻窦发炎、打呼噜、流涕、流泪、面部肿胀、结膜炎、产蛋率下降等为主要特征。本病具有"三好""三坏"典型特点，即一用药就好，天气好就好，环境好就好；一停药就发病，天气不好就发病，环境不好就发病。

二、流行病学

传染源：病鸡和带菌鸡。

传播途径：以飞沫、尘埃经呼吸道传染为主，被污染的饮水、饲料等经消化道传播。

易感动物：只感染鸡。

发病因素：慢性病鸡及隐性带菌鸡是发病的重要原因，气候突变、过分拥挤、通风不良、维生素缺乏、寄生虫感染等因素可诱发本病。

流行特点：本病四季均可发病，秋冬等寒冷季节多发，具有发病率高和死亡率低的特点。自然发病见于产蛋鸡和肉种鸡，老年鸡感染较严重，目前育成鸡感染发病呈上升趋势，常因继发感染新城疫、温和型流感、传染性支气管炎、传染性喉气管炎、慢性呼吸道病、大肠杆菌病等病，导致死亡率加大。

三、临床症状

本病潜伏期1~3d，传播快。

病鸡以鼻炎和鼻窦炎为主，肉鸡及蛋雏鸡生长不良，产蛋鸡开产推迟或产蛋减少，种鸡受精率、孵化率下降，弱雏较多。

初期病鸡精神不振，流泪，眼眶聚集泪泡，打喷嚏，甩头，鼻涕清稀至黏稠、脓性，脓性物干后在鼻孔四周凝结成淡黄色的结痂。

后期病鸡为结膜炎，流泪，颜面、肉髯和眼周围肿胀如鸽卵大小，延及颈部、下颌和肉髯的皮下组织水肿，炎症蔓延到下呼吸道时，咽喉被分泌物阻塞，窒息死亡。

四、病理变化

鼻腔和鼻窦黏膜呈卡他性炎症,黏膜出血。

鼻窦腔内有大量豆腐渣样的渗出物,气管黏膜充血、出血,内有黏稠分泌物。

鼻窦部肿胀,鼻窦、眶下窦和眼结膜囊内蓄积有黄色黏稠分泌物或干酪样物;病程较长时眼结膜充血、出血。

头部皮下有胶样渗出物等。

蛋鸡卵泡萎缩等。

五、防治

1. 预防

疫苗接种是防治本病的有效措施,平时加强饲养管理,搞好环境卫生与通风工作,舍内外严格消毒,做好病毒性疾病的免疫等措施对本病有很好的防治效果。

2. 治疗方案

(1)选用磺胺类药、泰乐菌素、硫氰酸红霉素、氟苯尼考等饮水或拌料,连用5~7d,间隔3~5d,重复1个疗程。对于发病急的鸡群可以肌内注射链霉素或泰乐菌素。

(2)采用解毒化痰、止咳平喘的中药制剂治疗。

【处方1】鼻炎宁散

紫菀25g,紫花地丁15g,麻黄20g,连翘20g,金银花15g,蒲公英5g。

【用法与用量】拌料,鸡0.5g/只,连用3~5d。

【处方2】加味麻杏石甘散

麻黄30g,苦杏仁30g,石膏30g,浙贝母30g,金银花60g,桔梗30g,大青叶90g,连翘30g,黄芩50g,白花蛇舌草30g,枇杷叶30g,山豆根30g,甘草30g。

【用法与用量】拌料或煎汁饮水,鸡0.5~1.0g/只,连用3~5d。

【处方3】穿鱼金荞麦散

蒲公英80g,桔梗80g,甘草50g,桂枝50g,麻黄50g,板蓝根50g,野菊花50g,苦杏仁35g,穿心莲100g,鱼腥草120g,辛夷50g,金荞麦100g,黄芩80g,冰片5g。

【用法与用量】混饲,鸡每千克饲料10g,连用5~7d。

【处方4】辛夷花200g,苍耳子200g,防风200g,白芷120g,黄芩300g,桔梗120g,半夏120g,葶苈子120g,薄荷120g,生地黄200g,赤芍200g,茯苓120g,泽泻120g,甘草120g。

【用法与用量】粉碎,混匀按每只鸡每天3g用沸水浸泡2h,取汁使每毫升含生药1g,一次加水饮服,重病用滴管灌服3~4mL,药渣拌入料中喂服。

【处方5】辛夷30g，白芷30g，半夏20g，黄芩20g，葶苈子20g，桔梗20g，猪苓15g，泽泻15g，甘草15g，生姜30g。

【用法与用量】粉碎混匀，供100只鸡拌料喂服。对于严重不食的病鸡，水煎灌服，每只鸡20mL。

【处方6】夏枯草210g，白花蛇舌草210g，贯众210g，黄芩180g，桔梗150g，半夏150g，杏仁120g，陈皮90g，甘草90g，金银花90g，连翘180g，知母120g，板蓝根350g，鱼腥草210g，橘红80g。

【用法与用量】水煎，分2～3次供1 000只鸡饮服，每天1剂，连用3～5d。

【应用】本方适应证：采食量、饮水量减少，呼吸道有啰音（10%～30%鸡只）；产蛋率下降，蛋壳质量下降，颜色变浅，拉黄白色水样稀粪。

【处方7】白芷100g，防风100g，益母草100g，乌梅100g，猪苓100g，诃子100g，泽泻100g，辛夷80g，桔梗80g，黄芩80g，半夏80g，生姜80g，葶苈子80g，甘草80g。

【用法与用量】粉碎过筛，混匀，供100只鸡3d拌料喂服，连用3剂。预防用半量间断喂服。

【处方8】金银花10g，板蓝根6g，白芷25g，防风15g，苍术15g，黄芩8g，甘草8g，苍耳子15g。

【用法与用量】研细，成年鸡每次1.0～1.5g，拌料喂服，每天2次。预防量减半。

鸡传染性鼻炎病图

呼吸困难，眶下窦肿胀

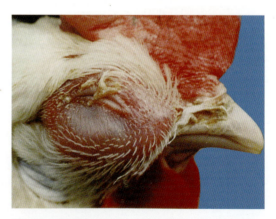

眼和鼻孔周围有干酪样分泌物附着，眼周围肿胀

流泪,眼内有脓性分泌物,眼睑及眶下窦肿胀

单侧鼻窦肿胀,致使眼睛外移而失明

面部及眶下窦肿胀

头部及颌下高度肿胀,致使眼球外移,引起失明

大肠杆菌病与传染性鼻炎混合感染引起的肿脸、失明等

头部皮下处有胶样渗出

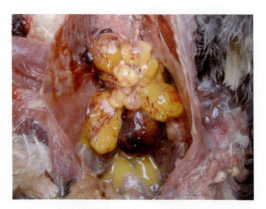

卵泡变性、坏死、萎缩等

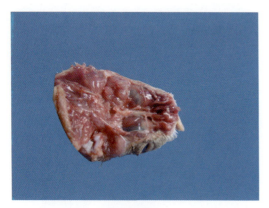

鼻甲骨出血

鼻腔内有黄白色干酪样物

第八节 葡萄球菌病

一、概述

葡萄球菌病是由金黄色葡萄球菌引起的一种以渗出性素质、出血、溶血和化脓性炎症等为特征的局部感染或败血性传染病,也是一种环境性疾病。本书介绍鸡、鸭、鹅葡萄球菌病。

二、流行病学

传染源:病禽是主要传染源。

传播途径:伤口感染(脐带、断喙、刺种、刮伤等)是葡萄球菌感染的主要途径,也可通过呼吸道、消化道和种蛋感染发病。

易感动物:各种日龄的禽类如鸡、鸭、鹅、野鸡、火鸡、鸽、鹌鹑等均易感,以40~80日龄的幼鸡及雏鸭、雏鹅最易感。

流行特点:本病四季均可发生,以雨季、潮湿和气候突变的季节多发,当饲养密度过大、通风不良、舍内空气污浊、饲料单一、缺乏维生素和矿物质及存在某些疾病等情况下均可促进葡萄球菌病的发生和流行,导致死亡率增加,而带翅号、断喙、注射疫苗、网刺、刮伤和扭伤、断趾、啄伤等都可成为本病发生的诱因。

本病常与大肠杆菌病、慢性呼吸道病、传染性浆膜炎等病混合感染,加上滥用抗生素导致耐药菌株不断增多,诊疗难度加大,死亡率增加等。

三、临床症状

1. 鸡葡萄球菌病

鸡葡萄球菌病分为急性败血型和慢性型两种。

(1)急性败血型:多见于雏鸡和育成鸡,具有发病急、病程短、死亡率高的特点。精神沉郁,发热,呆立,翅下垂,缩头闭眼,饮食减退或废绝,拉灰白色或黄绿色稀粪。胸、腹、背等处的羽毛大片脱毛,胸腹部及股内侧皮下水肿呈紫黑色,破溃后流出茶色或紫红色液体污染周围羽毛。

部分病鸡头颈、翅膀背侧和腹面、翅尖、尾、脸、背和腿等处皮肤上有大小不等的出血灶和炎性坏死，局部干燥，结痂。

部分病鸡跛行，多为1条腿1个关节（踝关节、跖趾关节）。

（2）慢性型：本书主要介绍脐炎型、关节炎型、眼炎型和皮炎型。

①脐炎型：多见于刚出壳不久的雏鸡，病程短，死亡率高，一般在2~5d死亡。

病鸡腹部膨大，脐孔肿大发炎，局部呈黄红色或紫黑色，触摸硬实，俗称"大肚脐"。

②关节炎型：雏鸡和成年鸡均可发生，肉仔鸡多发。

病鸡跖、趾关节炎性肿胀，发热，触摸敏感，跛行，附近的肌腱、腱鞘呈炎性肿胀，多为紫红色或紫黑色，有的化脓、破溃而成黑色结痂，终因行走不便，导致采食困难，逐渐消瘦，衰竭死亡。

③眼炎型：初期以眼结膜炎为主，一侧或两侧结膜发炎，红肿，流出黄色的脓性黏液，上下眼睑粘连，眶下窦肿胀；后期眼球下凹、干缩、失明等。

④皮炎型：病死率高，病程多为2~5d。

病鸡精神沉郁，羽毛松乱。

部分病鸡腹泻，头颈部、翅膀背侧、腹部、胸部等皮肤上有大小不等的出血、炎性坏死等。

2. 鸭鹅葡萄球菌病

本书主要介绍鸭鹅的皮肤型、败血型、脐炎型和关节炎型葡萄球菌病。

（1）皮肤型：常见于2~10周龄的鸭鹅，雏鸭鹅易发生急性死亡，青年鸭鹅皮肤有化脓灶或坏死灶。因皮肤破损而发生局部感染，胸腹及大腿内侧皮下水肿呈紫黑色，手触有波动感，溃烂后流出茶色或紫红色液体污染周围的羽毛。

（2）败血型：多发生于2周龄内的雏鸭鹅，多为皮肤型转化而来，呈急性败血症死亡；成年鸭鹅病程一般为2~6d，常无明显临床症状，有时腹部增大。

（3）脐炎型：常发生于出壳后1周内的雏鸭鹅。

病鸭鹅精神萎靡，体质瘦弱，食欲废绝，卵黄吸收不良，腹围膨大，脐部发炎、红肿，局部呈紫黑色或黄红色，俗称"大肚脐"，常因败血症死亡。

（4）关节炎型：多见于1~2周龄鸭鹅，青年鸭鹅和成年鸭鹅因病淘汰。

病鸭鹅关节红肿、疼痛，如胫关节、趾关节和跗关节肿大，触之有热痛和波动感（肿胀部位呈紫色或紫黑色，久之肿胀部位发硬，有的溃烂后形成黑色结痂），跛行，行动不便，采食困难，卧地不起，有时胸部龙骨发生浆液性滑膜炎，逐渐消瘦衰竭死亡。

四、病理变化

1. 鸡葡萄球菌病

（1）急性败血型：整个胸腹部皮下充血、出血，呈弥漫性紫红色，皮下有黄红色胶冻样水肿。

肝脏、脾脏肿大，呈紫红色，有白色坏死点散在。

心包积液，心冠脂肪及心外膜有时出血，部分有肠炎病变。

（2）脐炎型：脐部肿大，呈紫红色或紫黑色，暗红色或黄红色液体转变为脓性干酪样物。

卵黄吸收不良，呈黄红色或黑灰色，液体状或内混絮状物。

肝表面有出血点散在。

（3）关节炎型：关节腔内有浆液，后为干酪样物；关节周围结缔组织增生、畸形，部分关节肿大，滑膜增厚，充血或出血。

（4）眼炎型：多数病鸡为结膜炎，流淡黄色脓性分泌物。少数病鸡胸腹部皮下有出血斑点，心冠脂肪有少量出血点。

（5）皮炎型：局部皮肤增厚、水肿，切开后有数量不等的胶冻样黄色或粉红色液体；或皮肤干燥，肌肉呈紫红色，胸肌、腿肌有出血斑或带状出血。

2. 鸭鹅葡萄球菌病

（1）皮肤型：胸腹及大腿内侧皮下充血、出血、水肿，呈弥漫性紫红色或紫黑色，内有大量茶色液体或紫红色液体或黄红色胶冻样水肿液；肌肉水肿、出血，肝、脾肿大，肠黏膜呈卡他性炎症。

（2）败血型：心冠脂肪及心外膜有出血点，心包积液，病程长时可见化脓性和干酪样坏死病灶。

肝肿大充血呈淡紫色；脾肿大，呈紫色，表面有白色坏死点散在。

肠黏膜充血、出血，泄殖腔黏膜出血、溃疡、坏死等。

腹腔有腹水和纤维素性渗出物等。

（3）脐炎型：脐炎，卵黄吸收不良，卵黄呈绿色或褐色，蛋黄稀薄如水。

（4）关节炎型：关节肿胀，关节囊内有干酪样或脓样物，滑膜增厚、充血、出血、坏死，关节软骨糜烂，易脱落。

五、防治

1. 预防

接种是预防本病的重要措施，平时加强饲养管理，搞好环境卫生，严格消毒，做好通风换气工作，保持合适的饲养密度与舍内湿度，防止和减少外伤的发生等措施可降低发病率。

2. 治疗方案

（1）根据药敏试验结果，筛选敏感的抗微生物药饮水或拌料。

（2）选用清热解毒、凉血止痢的中药治疗。

【处方1】金荞麦散

金荞麦。

【用法与用量】以0.2%的比例拌料，连喂3~5d。预防，以0.1%的比例拌料，连喂3d。

【处方2】复方三黄加白汤

黄连、黄柏、黄芩、白头翁、陈皮、香附、厚朴、茯苓、甘草各200g。

【用法与用量】共煮水，供体重1kg以上1 000只病鸡1d饮用，连用3d。

【应用】治疗鸡葡萄球菌病，2d后病情得到控制，7d后基本痊愈。

【处方3】四黄小蓟饮

黄连100g，黄芩100g，黄柏100g，大黄50g，甘草50g，小蓟（鲜）400g。

【用法与用量】连煎3次，药液约5 000mL，供1 600只雏鸡自饮，每天1剂，连喂3d。

【应用】用本方治疗艾维因肉雏鸡葡萄球菌病，3d控制病情，第4天鸡群停止死亡。

【处方4】加味三黄汤

黄芩、黄连叶、焦大黄、黄柏、板蓝根、茜草、大蓟、车前子、神曲、甘草各等份。

【用法与用量】按每只鸡每天2g煎汁拌料，每天1剂，连喂3d。预防用半量。

【应用】治疗鸡葡萄球菌病，效果显著。

【处方5】金银花2g，连翘0.5g，栀子0.5g，甘草0.5g，紫花地丁1g。

【用法与用量】为1只禽每天用量，水煎2次饮用，连用3~5d。

【处方6】蒲公英1.5份，野菊花、黄芩、紫花地丁、板蓝根、当归各1份。

【用法与用量】粉碎，混匀。按1.5%的比例混饲，每天3次，连喂7d为1个疗程，隔7d再喂。

【处方7】鱼腥草90g，连翘45g，大黄40g，黄柏50g，白及45g，地榆45g，知母30g，菊花80g，当归40g，茜草45g，麦芽90g。

【用法与用量】粉碎混匀，按每只鸡每天3.5g拌料喂服，4d为1个疗程。

【处方8】金银花150g，连翘100g，栀子100g，甘草50g，紫花地丁100g。

【用法与用量】按照比例粉碎后，内服2~3g/只，连用3~5d。

【处方9】金银花40g，栀子20g，黄连20g，黄柏30g，连翘30g，菊花30g，甘草30g。

【用法与用量】煎汤,供100只仔鹅一次饮服。

【应用】用本方治疗曾用青霉素、链霉素、土霉素治疗效果不佳的1 000余只葡萄球菌病仔鹅,第3天病鹅停止死亡,第7天病鹅全部治愈。

（3）严重感染时,肌内注射庆大霉素注射液、阿米卡星注射液或卡那霉素注射液等。①庆大霉素注射液:雏禽0.2万~0.4万IU/只,每天1次,连续治疗2~3d。②阿米卡星注射液:2万~4万IU/kg体重,每天1次,连续治疗2~3d。③卡那霉素注射液:雏禽0.5万~0.8万IU/只,每天1次,连续治疗2~3d。

鸡的葡萄球菌病图

急性败血型：皮下出血，呈蓝紫色

急性败血型：翅部形成脓肿

急性败血型：皮肤坏死

急性败血型：腿部皮肤溃烂出血，翅膀腹侧出血

急性败血型：翅膀腹侧出血

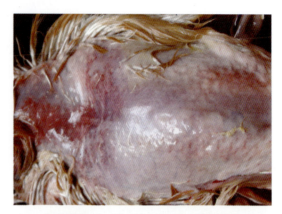
急性败血型：胸部皮肤溃烂，被毛脱落

急性败血型：皮肤破溃，皮下溶血

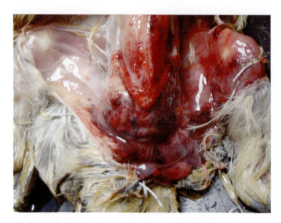
急性败血型：胸腹部及腿部内侧肌肉呈弥漫性出血

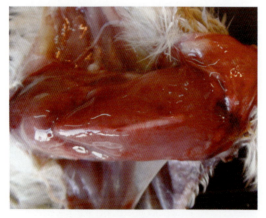
急性败血型：皮下有血色胶样渗出

急性败血型：肝脏肿大，表面有白色坏死点散在

慢性型：鸡冠肿胀，有溃疡结痂

慢性型：眼睑肿胀，眼结膜充血、出血

慢性型：趾部红肿

慢性型：趾部有溃疡结痂

慢性型：胸部肌肉发炎、出血

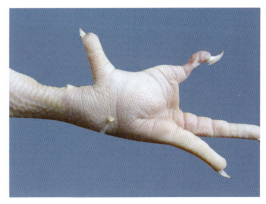

关节炎型：关节及脚掌肿胀

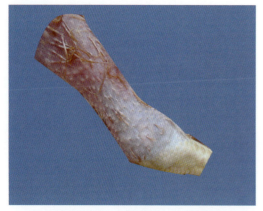

关节炎型：皮下出血，关节肿胀

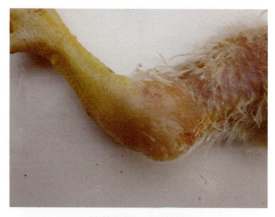

关节炎型：关节肿胀

关节炎型：关节肿胀、出血，皮下切开后有胶冻样物

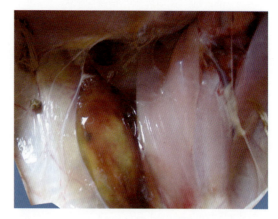

皮炎型：肌肉出血，皮下有淡黄色胶冻样物，渗出液增多

鸭鹅的葡萄球病图

跖趾关节红肿

趾关节肿胀

蹼部肿胀,有溃疡

跖、趾关节肿胀部位易破溃

切开肿胀部位后,可见干酪样黄白色坏死物

第九节　禽支原体病

一、概述

禽支原体病是由支原体引起禽的一种接触性慢性呼吸道传染病。本书主要介绍鸡、鸭、鹅支原体病。

鸡支原体病包括鸡毒支原体病和滑液囊支原体病两种。鸡毒支原体病又称慢性呼吸道病、鸡败血支原体病、鸡败血霉形体病，以咳嗽、喘气、呼吸啰音及气囊炎、眼炎、鼻窦炎等为特征；滑液囊支原体病是以滑膜炎、腱鞘炎为特征的急性或慢性传染病，但也会导致气囊炎，目前肉鸡及20～60日龄的青年鸡多发。

鸭鹅支原体病以咳嗽、流鼻液、打喷嚏、喘气、眶下窦肿胀、蛋禽产蛋率下降及气囊炎、心包炎、肝周炎等为特征。

二、流行病学

传染源：病禽和隐性感染禽是主要传染源。

传播途径：本病属于典型的垂直传播，也可经被污染的尘埃、飞沫、饲料、饮水等经呼吸道和消化道而感染。

易感动物：不同品种、日龄的禽均可感染。

流行特点：本病四季均可发生，以秋末冬初和春季多发，若饲养管理不善，营养不良，气温突变，潮湿，通风不良等因素均可诱发本病。

雏禽感染率高，死亡率也高；成禽发病时呼吸道症状较轻，病程过长或呈隐性感染，产蛋率下降。因常与大肠杆菌病、传染性浆膜炎等病混合感染，导致死亡率增加。

三、临床症状

1. 鸡支原体病

病鸡频频摇头，流鼻涕，打喷嚏，咳嗽，喘气，湿性啰音，眼睑肿胀，眼眶周围常有白色或淡黄色干酪样物，眼圈周围皮肤发紫。

有的病鸡趾底部和胫、跗关节肿胀，跛行，运动失调等（滑液囊支原体病）。

部分病鸡呈急性死亡，多数生长迟缓，发育不良，渐进性消瘦，最终衰竭死亡（多为雏鸡）。

成年病鸡症状与病雏鸡相似，症状较缓和，产蛋率下降，种鸡产蛋率、受精率、孵化率下降等。

2. 鸭鹅支原体病

精神沉郁，摇头，打喷嚏，咳嗽，喘气，呼吸加快。

采食量明显下降，生长停滞，逐渐消瘦。

鼻孔流出浆液性分泌物，接着为黏性分泌物、脓性分泌物，分泌物在鼻孔周围形成结痂。

眼结膜潮红，流泪，逐步发展到眼睑肿胀，眶下窦肿大呈球形或卵圆形，不停地用爪踢抓眶下窦。

部分病鸭鹅跛行，附关节肿大，逐渐消瘦，死亡。

产蛋率下降，种禽受精率和孵化率下降，陆续死亡等。

四、病理变化

1. 鸡支原体病

眼结膜潮红，鼻腔、鼻窦、眶下窦内黏膜水肿、出血，腔内有豆腐渣样分泌物，气管壁水肿、充血。

气囊壁混浊、增厚，气囊内和腹腔内有黄白色豆腐渣样渗出物或片状物。

肠系膜有大量黄色干酪样物，卵黄性腹膜炎等。

滑液囊支原体病主要为渗出性滑膜炎、腱鞘滑膜炎或黏液囊炎液增多等，关节液初期清亮后变混浊，最后呈奶油状黏稠，也会出现鸡毒支原体症状。

2. 鸭鹅支原体病

鼻孔周围有干痂，鼻道被分泌物阻塞。

眶下窦充满大量灰白色混浊的浆液性、黏液性分泌物或内有大量干酪样物，黏膜肥厚、水肿、充血、出血。

气管黏膜充血、出血，黏膜有浆液性-黏液性分泌物附着。

肺脏有大小不等的灰白色硬结节散在。

气囊炎，心包炎，肝周炎，心肌出血、坏死等。

输卵管水肿、出血，卵黄性腹膜炎等。

五、防治

1. 预防

免疫接种预防本病有一定的效果，而"净化"种禽是防治本病的关键措施，加强饲养管理，健全卫生管理制度，严格消毒，采用"全进全出"的饲养方式，采用支原净、北里霉素、泰乐菌素等预防，做好常见疾病的免疫，保持合理的密度和良好的通风，饲喂优质的饲料等措施可降低发病率。

2. 治疗方案

（1）抗微生物药饮水或拌料，如支原净、林可霉素、泰乐菌素、氟苯尼考、硫氰酸红霉素、恩喏沙星等。

（2）采用解毒化痰、止咳平喘的中药制剂治疗。

【处方1】清肺止咳散

桑白皮30g，知母25g，苦杏仁25g，前胡30g，金银花60g，连翘20g，桔梗25g，甘草20g，橘红30g，黄芩45g。

【用法与用量】禽1~3g/只。

【处方2】麻黄鱼腥草散

麻黄50g，黄芩50g，鱼腥草100g，穿心莲50g，板蓝根50g。

【用法与用量】混饲，鸡15~20g/kg饲料。

【处方3】镇喘散

香附300g，黄连200g，干姜300g，桔梗150g，山豆根100g，皂角40g，甘草100g，合成牛黄40g，蟾酥30g，雄黄30g，明矾50g。

【用法与用量】鸡0.5~1.5g/只。

【处方4】呼炎康散

麻黄24g，苦杏仁50g，生石膏90g，甘草60g，板蓝根80g，鱼腥草80g，黄芩60g，山豆根75g，桔梗50g，连翘50g，射干75g。

【用法与用量】内服，鸡1g/kg体重，连用5d。

【处方5】清肺散

鱼腥草100g，黄芩40g，连翘40g，板蓝根40g，麻黄25g，贝母30g，枇杷叶90g，款冬花25g，甜杏仁25g，桔梗25g，姜半夏30g，生甘草25g。

【用法与用量】25~30日龄肉鸡按每只每天1g，水煎2次，合并滤液，分上、下午混入饮水中饮服，连用4~6d为1个疗程。

【应用】治疗65群28 390只肉用鸡慢性呼吸道疾病，总有效率为98.5%。

【处方6】济世消黄散

黄连10g，黄柏10g，黄芩10g，栀子10g，黄药子10g，白药子10g，大黄5g，款冬花10g，知母10g，贝母10g，郁金10g，秦艽10g，甘草10g。

【用法与用量】水煎3次，供100只成年鸡饮服。

【应用】治疗鸡慢性呼吸道病及其继发性大肠杆菌病，一般用3~5剂即可治愈。

【处方7】百咳宁

柴胡30g，荆芥30g，半夏30g，茯苓30g，甘草30g，贝母30g，桔梗30g，杏仁30g，玄参30g，赤芍30g，厚朴30g，陈皮30g，细辛6g。

【用法与用量】粉碎过筛混匀。按每千克体重每天1g加开水闷30min，药液加适量水饮用，药渣拌料喂服。

【应用】治疗150余万只呼吸道疾病（慢性呼吸道病、鸡传染性喉气管炎、鸡传染性支气管炎、鸡传染性鼻炎）病鸡，通过对90个养鸡场（户）的5万余只病鸡的跟踪调查，治愈率在92%以上。

【处方8】麻黄150g，杏仁80g，石膏150g，黄芩100g，连翘100g，金银花100g，菊花100g，穿心莲100g，甘草50g。

【用法与用量】粉碎、混匀，按每天每只雏鸡0.5~1.0g、成年鸡1.0~1.2g，用沸水冲泡后拌料，一次喂服，连用5~7d。

【应用】治疗曾用红霉素、恩诺沙星、环丙沙星等药物治疗效果不明显的病鸡，连用5d，治愈率为93.5%。发病初期，用麻杏石甘散配合抗菌药物治疗，效果也很好。

【处方9】大青叶50g，板蓝根50g，金银花30g，桔梗20g，款冬花20g，杏仁20g，黄芩20g，陈皮20g，甘草5g。

【用法与用量】粉碎后，以0.5%的比例混入饲料中连喂5~7d。

【应用】治疗蛋鸡慢性呼吸道病。

【处方10】鱼腥草100g，桔梗100g，金银花100g，菊花100g，麦冬100g，黄芩85g，麻黄85g，杏仁85g，桑白皮85g，石膏60g，半夏100g，甘草40g。

【用法与用量】水煎取汁，供500只成年鸡1d饮水，每天1剂，连用5~7d。

【应用】治疗蛋鸡慢性呼吸道疾病，7d基本治愈。产蛋逐渐恢复。

【处方11】石决明50g，草决明50g，苍术50g，桔梗50g，大黄40g，黄芩40g，陈皮40g，苦参40g，甘草40g，栀子35g，郁金35g，黄药子45g，白药子45g，三仙30g，龙胆草30g，苏叶60g，紫菀80g，鱼腥草100g。

【用法与用量】2.5~4g/只，连用3d。

鸡的支原体病图

张口呼吸

精神沉郁，呼吸困难，嗜睡

失明，精神不振

面部肿胀，上下眼睑黏合

大肠杆菌病与支原体病混合感染引起的关节红肿，运动障碍

火鸡感染支原体引起眶下窦肿胀

肢体麻痹，运动障碍

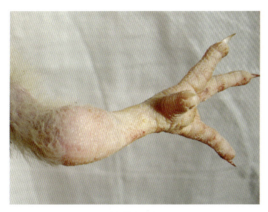
关节红肿

皮下脓肿，关节肿大

皮下脓肿，切开后流出黄色脓性分泌物

气囊坏死，俗称气囊炎

气囊混浊、增厚，附有黄白色干酪样物

腹腔内有气泡，气囊增厚

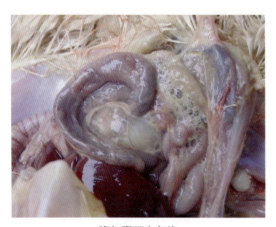
腹气囊积有气泡

腹气囊上有黄色干酪样物

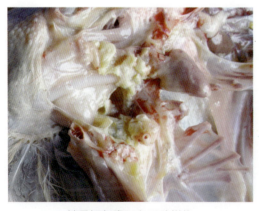
锁骨间气囊积有干酪样物

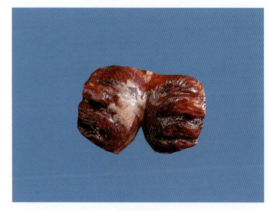
肺部瘀血

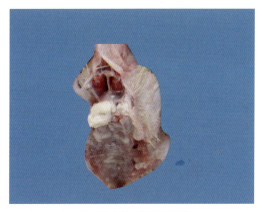
眶下窦积有淡黄色干酪样物

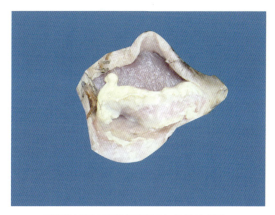
剪开肿胀处皮肤可见黄白色胶冻样物

滑液囊支原体感染：关节肿胀、变形

滑液囊支原体感染：关节肿胀，腔内积有黄色黏液或干酪样物

滑液囊支原体感染：关节腔内积有黄色干酪样物

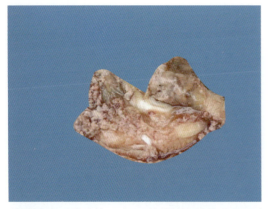

滑液囊支原体感染：切开关节肿胀部位可见豆腐渣样物

滑液囊支原体感染：胸囊肿，内有干酪样物

鸭的支原体病图

张口呼吸

气囊混浊，附有黄白色干酪样物

气囊混浊，附有白色奶油状物

蛋鸭支气管被白色奶油状物堵塞，肺出血，卵泡出血、坏死

第十节 鸡弧菌性肝炎

一、概述

弧菌性肝炎是由一种弯曲杆菌引起鸡的细菌性传染病，具有高发病率、低死亡率及慢性经过的特点。

二、流行病学

传染源：病鸡和带菌动物是主要传染源，常随粪便排出病原菌。

传播途径：被病原菌污染的饲料、饮水、垫料等经口感染。

易感动物：各种日龄鸡均易感，青年鸡、产蛋鸡、过于肥胖鸡最易感，日龄越小，发病率越高，病程长且死亡多。

本病病原革兰氏染色为阴性，菌体呈","形或"s"形，大量存在于病鸡肝脏和胆汁中，对四环素类药物敏感。

三、临床症状

雏鸡以精神倦怠、沉郁、腹泻为特征，粪便呈黄褐色，糨糊样软便继而成水状。

青年鸡常呈亚急性或慢性经过，死亡率偏高。

产蛋鸡耐过后消化不良，产蛋率下降或停止产蛋，终因营养不良而消瘦死亡。

四、病理变化

本病的典型病变在肝脏，分为急性期、亚急性期和慢性期，病理变化有所不同。

1. 急性期

肝脏肿大，质脆，瘀血，边缘钝圆，表面有出血点或凹陷的出血斑；严重时，肝破裂，肝脏有针尖大小的白色星芒状或雪花状坏死灶。

2. 亚急性期

肝脏稍肿大，呈黄褐色，边缘质硬，有时坏死区扩大至整个肝。

3. 慢性期

肝脏边缘锐利，质脆或硬化，坏死灶呈灰白色至灰黄色，布满整个肝实质，呈网格状。

脾脏肿大1～1.5倍，呈斑驳状。

肾脏肿大，质脆，黄褐色或苍白，有黄白色点状坏死灶散在。

心包液增多，心肌呈黄褐色。

五、防治

1. 预防

采取综合性管理措施，搞好环境卫生，防止粪便污染饲料、饮水，及时清除可疑鸡并加强消毒，预防寄生虫病、支原体病、营养代谢病等消耗性疾病及传染性法氏囊病、马立克病等免疫抑制性疾病。

2. 治疗方案

（1）选择敏感的抗微生物药饮水或拌料。

（2）采用清热解毒、疏肝利胆的中药制剂治疗。

【处方1】大青叶10g，茵陈15g，栀子15g，虎杖10g，大黄10g，车前子15g，柴胡10g，黄芩10g。

【用法与用量】按100kg饲料0.5～1kg拌料混饲，连用5～7d。

【处方2】枸杞子75g，白菊花75g，当归75g，熟地75g，黄芩50g，芜蔚子50g，柴胡50g，青葙子50g，草决明50g。

【用法与用量】水煎，供100只成年鸡1d拌料喂服，连服12d。

【应用】用本方治疗曾用土霉素等药治疗无效的病鸡，能使产蛋率回升。

鸡弧菌性肝炎病图

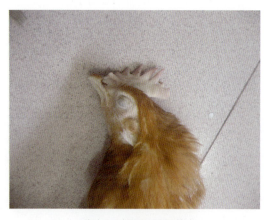

贫血，鸡冠及面部苍白

弧菌性肝炎引起的肉鸡急性死亡

胸肌贫血，腹腔有大凝血块

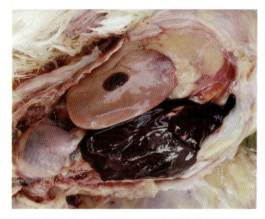
肝脏出血、质脆易碎，表面有血凝块

严重时肝脏质脆易碎如泥状，易造成肝出血

肝脏肿大，质脆，瘀血，边缘钝圆

肝脏肿大、出血、坏死

肝脏肿胀，有星状坏死灶散在

肝脏表面布满略凹陷的暗红色出血性病灶

肝脏肿大，表面布满大小不一的坏死灶

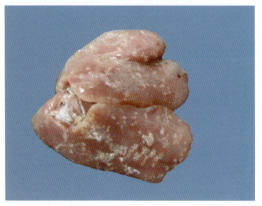

肝脏表面有大小不一的"雪花状"坏死灶

肝脏肿大、出血，表面有"雪花状"坏死灶散在，坏死灶连成一片形成片状坏死

肝脏肿大、出血，星状坏死，局部片状坏死

肝脏肿胀，点状出血

肝脏色黄,有点状出血

肝脏肿大,质脆,瘀血,边缘钝圆,表面有出血点,出血点连成一片形成片状出血

肝脏出血,边缘锐利,硬化,坏死灶大小不一呈灰白色至灰黄色,严重时布满整个肝实质,呈网格状

肝脏坏死灶呈灰白色

第十一节 坏死性肠炎

一、概述

坏死性肠炎，又名肠毒血症、烂肠症，是由A型或C型产气荚膜魏氏梭菌引起的一种急性细菌病，以排黑色间或混有血液的粪便，肠道黏膜水肿、坏死为特征。

本书介绍鸡坏死性肠炎、种鸭坏死性肠炎。

二、流行病学

传染源：病禽、带菌禽及被病原菌污染的尘埃、污物、垫料是本病的传染源。

传染途径：消化道感染。

易感家禽：7～12周龄火鸡及种鸭易感。

流行特点：2～8周龄肉鸡、雏鸡、青年鸡、平养鸡及种鸭多发，雏鸭很少发病，鹅一般发病在15～45日龄，45日龄以上的鹅零星发生。

该病原菌在自然界分布极广，四季均可发病，当机体抵抗力下降、某些应激因素、饲喂高能量低蛋白的饲料、消化功能障碍、球虫感染等情况下均可诱发或加重本病的病情。

三、临床症状

1. 鸡坏死性肠炎

急性发病鸡精神沉郁，眼半闭合或闭合，采食量和饮水量减少，拉红褐色或黑褐色焦油样粪便，或混有脱落的肠黏膜组织。

慢性病鸡生长受阻，拉灰白色稀粪，终因衰竭死亡。

耐过鸡发育不良，肛门四周被粪沾污。

本病一旦与球虫病及其他肠道病混合感染时，死亡率明显上升。

2. 种鸭坏死性肠炎

初期采食量无明显变化，无症状，突然死亡，病程较长。

精神萎靡，食欲下降或废绝，体质衰弱，不能站立，拉黑色间或混有血液的粪便，肛门周围常粘有粪便。

鼻腔流棕褐色液体。

部分病鸭口吐黑色液体。

产蛋率急剧下降，种蛋受精率和孵化率下降，弱雏多等。

四、病理变化

1. 鸡坏死性肠炎

病变主要是小肠，尤其是空肠、回肠、部分盲肠。小肠后段的肠内壁增厚、充血、出血、瘀血或因附着黄褐色假膜而肥厚脆弱，剥去假膜后，肠黏膜呈卡他性炎症至坏死性炎症的各阶段病变，肠内容物液状呈血样色或黑绿色，盲肠黏膜有陈旧性血样内容物，肠系膜多数水肿。

肾肿大、褪色；肝脏充血，有小的圆形坏死灶散在。

2. 种鸭坏死性肠炎

肠管扩张、变脆，呈苍白色或蓝黑色或黑色，肠腔内充满恶臭的气体和棕黄色内容物或污黑色内容物或混有血液的内容物。

肠黏膜充血、坏死，黏膜附有黄白色或绿色纤维素性假膜，剥去假膜后，肠黏膜呈卡他性炎症或坏死性炎症。

腹腔内有污浊、恶臭的炎性渗出物。

母鸭的卵泡出血、变性、坏死，输卵管水肿、充血、出血，内有干酪样坏死物。

鹅坏死性肠炎与种鸭坏死性肠炎相似，诊断时参照种鸭坏死性肠炎。

五、防治

1. 预防

加强饲养管理，搞好环境卫生，严格消毒，加强通风，密度适中，消除应激因素，防止维生素E和硒缺乏，不可突然换料或使用高能量低蛋白的饲料等，做好球虫病及小肠肠道性疾病的预防等措施均可降低本病的发病率。

2. 治疗方案

（1）选用敏感的抗微生物药饮水或拌料；严重病例肌内注射庆大霉素、头孢噻呋钠等（用法与用量参考抗微生物药）。

（2）中药制剂辅助治疗。

【处方1】白龙散

白头翁600g，龙胆300g，黄连100g。

【用法与用量】禽1~3g/只。

【处方2】白头翁散

白头翁60g，黄连30g，黄柏45g，秦皮60g。

【用法与用量】禽2~3g/只。

【处方3】金叶清瘟散

金银花320g，大青叶320g，板蓝根240g，蒲公英160g，紫花地丁160g，柴胡240g，鹅不食草128g，连翘160g，甘草160g，天花粉120g，白芷120g，防风80g，赤芍48g，浙贝母112g，乳香16g，没药16g。

【用法与用量】混饲，禽5~10g/kg饲料。

【处方4】清瘟止痢散

大青叶15g，板蓝根15g，紫草10g，拳参15g，绵马贯众15g，地黄10g，玄参10g，黄连10g，白头翁15g，木香10g，柴胡10g，甘草6g。

【用法与用量】拌料混饲，鸡5g/kg饲料。

【处方5】驱球止痢散

常山960g，白头翁800g，仙鹤草800g，马齿苋800g，地锦草640g。

【用法与用量】混饲，禽2.0~2.5g/kg饲料（球虫感染为主时）。

【处方6】白马黄柏散

白头翁300g，马齿苋400g，黄柏300g。

【用法与用量】禽1.5~6g/只。

【处方7】杨树花口服液

杨树花。

【用法与用量】混饮，禽1~2mL/L水（每毫升相当于原生药材1g）。

【处方8】锦板翘散

地锦草100g，板蓝根60g，连翘40g。

【用法与用量】禽3~6g/只。

【处方9】金银花30g，连翘30g，莱菔子（炒）30g，牡丹皮15g，黄芩15g，柴胡18g，桑白皮12g，枇杷叶12g，甘草12g。

【用法与用量】加水煎至1 000mL，500只禽的1日量，每天分4次拌料喂服，每天1剂，连用4d。

【处方10】鱼腥草360g，蒲公英180g，黄芩90g，桔梗90g，葶苈子90g，苦参90g。

【用法与用量】混合粉碎，按每只0.5~1g拌料喂服，每天3次，连用5d。

【处方11】青蒿15g，常山25g，柴胡9g，苦参15g，地榆炭10g，白茅根10g，野菊花15g。

【用法与用量】上药粉碎过筛、混匀，拌料混饲。预防按0.5%的比例，连用5d；治疗按1%的比例，连用8d。

【应用】此方对球虫病以及球虫病继发鹅的坏死性肠炎有明显防治效果，预防率达98%以上，治愈率95%。

鸡的坏死性肠炎病图

肠道高度肿胀、坏死、胀气,内有黑褐色内容物

肠黏膜出血,内有血样内容物

肠壁内形成黄褐色假膜

肠内壁增厚、水肿,严重时黏膜坏死,脱落后和肠内容物形成栓子,有时混有血液

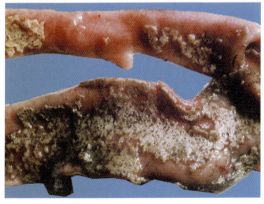

小肠黏膜坏死,形成坏死性假膜

肝脏充血,有小的圆形凹陷性出血灶

种鸭的坏死性肠炎病图

不愿走动

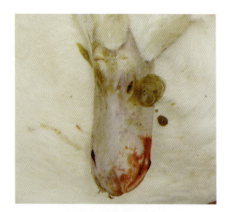

鼻腔流出棕褐色液体

肺脏出血

肝脏肿大，边缘坏死

肝脏肿大，色淡不均匀，出血，坏死

肠管失去光泽和弹性，呈淡黑色

第二章 细菌性疾病

盲肠失去光泽和弹性，呈黑色

肠腔内有灰绿色内容物，腥臭

肠黏膜脱落、坏死，形成假膜

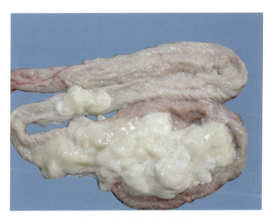

输卵管内有大量黄白色物

输卵管黏膜坏死，内有灰白色干酪样坏死物

卵泡液化、破裂

卵泡充血、出血，输卵管伞出血性坏死；腹气囊呈污绿色，腹腔内积有血性腹水

公鸭睾丸坏死

第十二节 鸡溃疡性肠炎

一、概述

溃疡性肠炎是由肠道梭菌引起的一种急性细菌性传染病。临床症状为突然发病，迅速大量死亡，病理变化以肝脏表面有大小不一的黄白色坏死灶，肠黏膜出血有黄白色的溃疡灶为特征。

二、流行病学

传染源：病鸡和带菌鸡。

传播途径：健康鸡因采食被污染的饲料、饮水、垫料后经消化道感染。

易感动物：自然感染见于鸡、火鸡、鸽、野鸡、松鸡，4~12周龄的鸡及3~8周龄的火鸡多发此病。

病原特性：病原菌为革兰氏阳性大杆菌，单个菌，多形态，呈杆状或稍弯，两端钝圆，菌体近端见芽孢，有鞭毛，无荚膜，养殖场一旦发生本病就很难根除。

三、临床症状

急性病鸡多突然死亡，一般没有典型的临床症状。

慢性病鸡精神不振，食欲下降，羽毛松乱，眼半闭，少活动，胸肌萎缩，逐渐消瘦，拉白色水样恶臭稀粪，或带血粪便等。

四、病理变化

小肠肠壁增厚，黏膜发黑、出血，呈不规则块状或附有麦麸状黄白色坏死物，黏膜有时有坏死灶，周围有一暗红色晕圈。

盲肠黏膜出血，有粟粒状大突起，中间凹陷，灰白色或干酪样坏死物的溃疡灶，其边缘出血，溃疡深入肌层后引起穿孔，发生腹膜炎或内脏粘连等。

肝肿大呈紫褐色或砖红色，表面或边缘有粟粒至黄豆大的黄色或灰白色坏死灶。

脾肿大、出血和瘀血，呈黑褐色。

五、防治

参考坏死性肠炎。

鸡溃疡性肠炎病图

肝脏表面有淡黄色至灰黄色斑点状变性坏死区

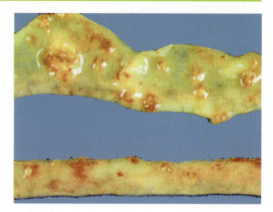

溃疡灶早期出血，严重时溃疡灶有假膜和坏死膜

肠内有不规则的块状或麦麸状黄白色坏死物，多为脱落的肠黏膜

盲肠内有不规则的块状或麦麸状黄白色坏死物，多为脱落的肠黏膜

第十三节 链球菌病

一、概述

链球菌病是由链球菌感染引起多种禽类的一种急性或慢性传染病。雏禽和成年禽均可感染，多呈地方流行性。本病分为急性型和慢性型，急性型呈败血症经过，慢性型表现为纤维素性关节炎、腱鞘炎、输卵管炎、腹膜炎、纤维素性心包炎、肝周炎、坏死性心肌炎、心瓣膜炎和脑膜炎等多种病型。本书主要介绍鸭鹅链球菌病。

二、流行病学

传染源：病鸭鹅及带菌鸭鹅是主要传染源。

传播途径：经消化道和呼吸道感染，也可经皮肤和黏膜创口、脐带及污染的种蛋感染。

易感动物：各种日龄的鸭鹅均易感，以雏鸭和雏鹅多发。

流行特点：本病无明显季节性，一般为散发或地方流行，禽舍卫生条件差、地面潮湿、阴暗、空气污浊等因素能促进本病的发生与流行。

三、临床症状

1. 鸭链球菌病

鸭链球菌病分为急性型和慢性型。急性型以败血症为主，病程1~5d；慢性型以肠道出血为主。

腹泻，跗关节或趾关节肿胀，濒死前出现痉挛状或角弓反张等症。

2. 鹅链球菌病

病程1~2d。

精神萎靡，缩颈合眼，呆立一旁，羽毛松乱，采食量下降或食欲废绝，拉绿色、灰白色稀粪，消瘦，嗜睡，两肢软弱，步态蹒跚，驱赶时容易跌倒，终因全身痉挛而死。

雏鹅卵黄吸收不全或脐部发炎、肿胀，有时化脓，因严重脱水或败血症死亡。

成年鹅以腹膜炎为主，母鹅感染后产蛋率、受精率及孵化率下降，公鹅阴茎外垂难以回收而失去配种能力。

四、病理变化

1. 鸭链球菌病

肝脏肿大、变性，脾脏坏死，心肌出血，纤维素性心包炎、肝周炎、气囊炎及心内膜炎。成年鸭多为腹膜炎。

2. 鹅链球菌病

肝脏肿大，质地较软，呈淡绿色，被膜下有局限性密集的小出血点或出血斑。

脾脏肿大，呈紫黑色，有出血点或出血斑。

心包炎，心包内有淡黄色炎性渗出液，心冠脂肪、心内膜及心外膜有小出血点散在。

肾脏肿大、出血，肠黏膜呈卡他性炎症。

产蛋鹅为输卵管炎、卵黄性腹膜炎等；公鹅阴茎充血、出血、外垂，泄殖腔黏膜充血、糜烂，表面形成纤维素性假膜。

五、防治

1. 预防

加强饲养管理，饲喂优质全价饲料，保持舍内清洁，温湿度适中，空气通畅，搞好舍内和垫草的卫生，防止皮肤和脚掌创伤感染，舍内外及周围环境等处严格消毒，必要时带禽消毒，种蛋要勤捡，保持种蛋清洁，被粪便污染过的蛋不能进行孵化，入孵前，孵化室及器具等清洗干净后与入孵种蛋采用甲醛液熏蒸消毒，防止经蛋或孵化设备而传播。

2. 治疗方案

选择敏感的抗微生物药拌料或饮水治疗。

严重病鸭鹅，选用青霉素和链霉素肌内注射，青霉素、链霉素各2万～4万IU/只，每天1次，连用2～3d。

鸭鹅链球菌病图

精神不振，胫关节肿大

胫、趾关节肿大

跗关节肿大、变形

第十四节 念珠菌病

一、概述

念珠菌病是由白色念珠菌引起的禽类上消化道的一种霉菌性传染病，又称为霉菌性口炎、鹅口疮、消化道真菌病、念珠菌口炎及酸臭嗉囊病，以口腔、咽喉、食管和嗉囊黏膜形成白色假膜或溃疡为主要特征。

本书主要介绍鸭鹅念珠菌病。

二、流行病学

本病具有传播速度快，高发病率和高死亡率的特点。

传染源：病禽和带菌禽是主要传染源。

传播途径：通过被带菌的粪便污染环境（包括垫料、饲料等）经消化道感染，也可通过蛋壳感染。雏鸽主要通过带菌的"鸽乳"传染。

易感动物：各种日龄禽均可感染，幼禽的易感性比成年禽高，雏鹅易感性最高。

白色念珠菌属条件性致病菌，饲养环境恶劣、应激、体质差、继发感染或滥用抗微生物药等因素存在时均可诱发本病，30日龄内雏禽发病后迅速大量死亡，90日龄以上的家禽多数可康复。

三、临床症状

精神沉郁，羽毛粗乱，食欲下降或废绝，饮水增多，嗉囊积液并有触痛感，不愿移动，扎堆。

呼吸急促，频频伸颈张口，发出咕噜声，声音嘶哑。

腹泻，拉绿白混杂的稀粪。

濒死前抽搐，倒提时口中流出酸臭液体。

鸽和鸡的症状基本与鸭鹅相似。

四、病理变化

口、咽、食管和鼻腔有分泌物；口、咽、食管黏膜增厚，内有白色或灰白色假膜或溃疡灶。

气管内有黑红色或黄褐色的干酪样渗出物。

胸、腹气囊混浊，有淡黄色粟粒状结节。

肺脏有坏死灶及干酪样物。

食管黏膜出血、坏死。

腺胃与肌胃交界处出血。

肌胃角质层有出血斑。

心肌肥大，肝脏肿大呈紫褐色，有出血斑。

肠黏膜呈炎性出血，肠壁变薄，肠系膜有黑红色或黄褐色的干酪样渗出物附着。

鸽和鸡的病理变化基本相似。

五、防治

1. 预防

加强饲养管理，减少或避免各种应激如闷热、通风不良、饲养密度过大、氨气浓度过高等，搞好养殖场和水的卫生，做好消毒与防病工作，勤换垫料，发病后立即隔离病鸭鹅，更换垫料，清理粪便并堆积发酵，保持通风良好。

2. 治疗方案

（1）制霉菌素拌料，0.2～0.3g/kg饲料，连用2～3d。

（2）硫酸铜拌料，按1∶1 000比例混饲，连饮5～7d。

（3）严重病例，0.1%结晶紫滴服，1mL/只，每天1次，连滴3～5d。

鸭鹅念珠菌病图

食管黏膜出血、坏死，形成溃疡灶，腺胃与食管交界处出血

第十五节　鸭传染性浆膜炎

一、概述

鸭传染性浆膜炎是由鸭疫里默氏杆菌引起的主要侵害雏鸭的一种慢性或急性败血性传染病。该病多发生于1~8周龄的雏鸭，雏鸭以眼和鼻有分泌物、腹泻、共济失调、头颈震颤和抽搐、纤维素性心包炎、肝周炎、气囊炎、脑膜炎及眼结膜炎等为特征，慢性型以斜颈等为特征，目前本病已经成为危害养鸭业的主要传染病之一。

二、流行病学

传染源：发病鸭、带菌鸭及被病原污染的空气等是主要感染来源。

传播途径：以呼吸道和皮肤伤口感染为主，鸭脚趾或脚垫的创口最易感染，也可被污染的饲料、饮水、飞沫等经消化道传染。

易感动物：1~8周龄的雏鸭易感，2~3周龄雏鸭最易感。

流行特点：本病的发生与感染鸭的日龄、病原毒力强弱、环境条件及应激等因素有关，无明显的季节性，冬春、夏秋等季节交替时多发，1周龄以内和8周龄以上鸭很少感染，30日龄以上的发病率有所降低，若育雏室饲养密度过大，空气不流通，鸭舍潮湿，卫生条件差，饲养粗放，饲料中缺乏维生素、微量元素及蛋白质水平过低等因素存在时均易造成本病的发生和传播。

本病极易与病毒性肝炎、鸭瘟、鸭流感、细小病毒病、大肠杆菌病、禽霍乱、沙门杆菌病及葡萄球菌病等混合感染，造成死亡率增加。

三、临床症状

本病分为最急性型、急性型、慢性型，本书主要介绍急性型、慢性型。

1. 最急性型

病鸭突然死亡，无症状。

2. 急性型

本类型多发生于2~4周龄雏鸭，发病迅速，发病率高，发病后1~3d死亡，死亡率可达80%。

精神沉郁，嗜睡，缩颈或嘴拱地面，两腿无力，行动迟缓或不愿行走，不食或少食。

眼睛和鼻孔有浆液性或黏液性分泌物。

拉绿色或黄绿色稀粪，肛门周围常污染粪便，部分雏鸭腹胀。

濒死前共济失调，头颈颤抖，歪头斜颈，摇头摆尾或点头，最后全身痉挛性抽搐，呈角弓反张样，很快死亡。

3. 慢性型

本类型多发生于4～7周龄的鸭，耐过鸭发育不良，消瘦。

精神沉郁，困倦，食欲减少，饮欲增加，缩颈，呆立，腿发软，喜卧，不愿运动，站立时共济失调呈犬坐姿势，痉挛性点头或摇头摆尾等。

部分病鸭呆立，呼吸困难，张嘴呼吸等。

少数病鸭头颈歪斜，遇到惊扰时不断鸣叫，跗关节肿胀，不愿走动，终因消瘦而死。

四、病理变化

1. 急性型

以心包炎、气囊炎和肝周炎常见，本病极易与大肠杆菌病混合感染，肝脏病变特征难以区分清楚。

心包膜混浊、增厚，心包积液，心外膜有纤维素性渗出物，心包膜和心外膜粘连，俗称心包炎。

气囊壁混浊、增厚，覆有纤维素性渗出物，呈灰白色或灰黄色，囊腔内有数量不等的黄色纤维素性渗出物或干酪样物，俗称气囊炎。

肝脏肿大、质脆，呈土黄色或棕红色；被膜增厚，不透明，呈黄白色，易脱落；严重时肝被膜覆盖纤维素性膜，俗称肝周炎。

肺脏出血，脾脏和肾脏肿大、出血，胆囊充盈，脑膜充血、出血等。

2. 慢性型

纤维素性脑膜炎或脑膜充血、水肿或点状出血。

关节肿胀，关节液增多。

背侧或腹侧等处皮肤发生蜂窝织炎或坏死性皮炎。

输卵管炎，输卵管膨大，内有干酪样物。

五、防治

1. 预防

免疫接种是预防本病的关键措施，采用当地分离的菌株做成自家苗接种，保护率最高，而"全进全出"的饲养管理制度，调整肠道菌群环境，搞好环境卫生和消毒工作，合理通风，温湿度合理，饲养密度适中，勤换垫料，消除应激因素等措施可降低发病率。

2. 治疗方案

（1）根据药敏试验结果，选择敏感的抗微生物药饮水或拌料治疗。

（2）采用清热解毒、止痢的中药制剂治疗。

【处方1】白马黄柏散

白头翁300g，马齿苋400g，黄柏300g。

【用法与用量】禽1.5~6g/只。

【处方2】白龙散

白头翁600g，龙胆300g，黄连100g。

【用法与用量】禽1~3g/只。

【处方3】白头翁散

白头翁60g，黄连30g，黄柏45g，秦皮60g。

【用法与用量】禽2~3g/只。

【处方4】杨树花口服液

杨树花。

【用法与用量】混饮，禽1~2mL/L水（每毫升相当于原生药材1g）。

【处方5】金叶清瘟散

金银花320g，大青叶320g，板蓝根240g，蒲公英160g，紫花地丁160g，柴胡240g，鹅不食草128g，连翘160g，甘草160g，天花粉120g，白芷120g，防风80g，赤芍48g，浙贝母112g，乳香16g，没药16g。

【用法与用量】混饲，禽5~10g/kg饲料。

【处方6】锦板翘散

地锦草100g，板蓝根60g，连翘40g。

【用法与用量】禽3~6g/只。

【处方7】大青叶1 000g，鱼腥草800g，黄芩800g，黄柏500g，苦参500g，丹参500g，茵陈500g。

【用法与用量】煎汤，供1 000只鸭自由服用，连续3~5d。

【处方8】黄连9g，黄柏15g，蒲公英15g，金银花9g，连翘12g，桔梗9g，穿心莲9g，苍术12g，木香9g，黄芪9g，大黄15g，马齿苋15g，甘草6g。

【用法与用量】粉碎后，按照2.5%~3.5%拌料混饲，连用3~5d。

（3）个别严重的病鸭，采用个体给药法。

1）5%氟苯尼考注射液：0.1~0.2mL/kg体重，连用2d。

2）庆大霉素注射液：雏禽0.2万~0.4万IU/只，每天1次，连续治疗2~3d。

3）阿米卡星注射液：2万~4万IU/kg体重，每天1次，连续治疗2~3d。

鸭传染性浆膜炎病图

头颈歪斜，拉黄白色的粪便

瘫痪

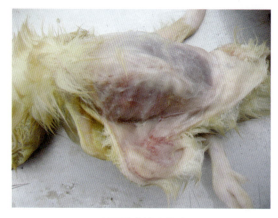
皮下形成蜂窝织炎

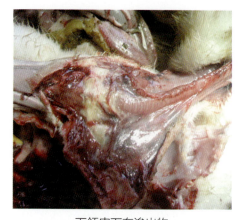
下颌皮下有渗出物

皮下出血

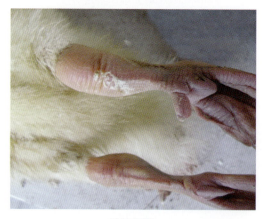
关节红肿

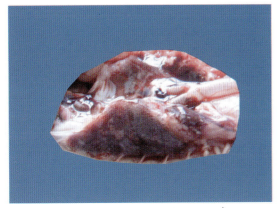

肺部瘀血、出血

脾脏和肾脏肿胀、出血

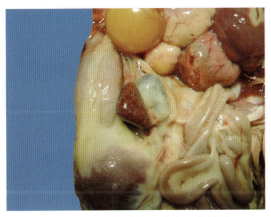

脾脏坏死，卵泡萎缩、出血、变性等

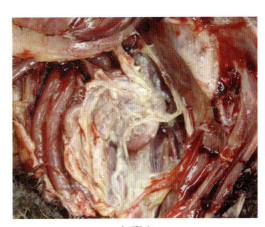

气囊炎

心包内积有黄色干酪样物，肝被膜增厚

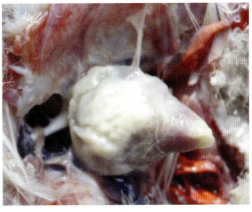

纤维素性心包炎

心包炎

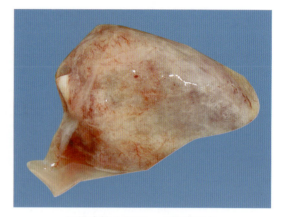
纤维素性心包炎，心外膜出血

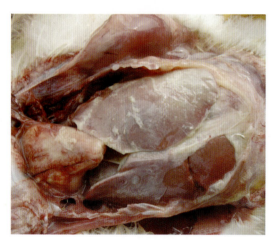
心包炎和肝周炎

纤维素性心包炎、肝周炎、气囊炎

肝脏、心脏及腹膜被黄色纤维素性渗出物覆盖

肝被膜增厚，不透明，呈黄白色，覆盖着纤维素性膜

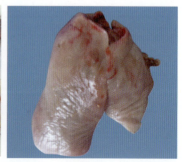
肝肿大，被膜增厚，不透明，呈黄白色，易脱落

第三章

寄生虫病

第一节　鸡球虫病

一、概述

鸡球虫病是由艾美耳球虫在鸡的小肠或盲肠内繁殖引起的肠道组织损害、出血而导致鸡急性死亡的一种原虫病。

我国主要有9种艾美耳球虫,本书主要介绍柔嫩艾美耳球虫和毒害艾美耳球虫。

二、流行病学

传染源:病鸡和带虫鸡。

传播途径:消化道传播为主,通过摄入有活力的孢子化卵囊遭受感染。

易感动物:鸡是唯一宿主,各日龄的鸡均可感染。

诱发因素:若饲养管理条件不良(如拥挤潮湿或卫生条件恶劣)、营养缺乏及马立克病、传染性法氏囊病、传染性贫血、大肠杆菌病、慢性呼吸道病等疾病的存在,均能诱发或加重本病,造成死亡率增高。

流行特点:本病一般暴发于3~6周龄的雏鸡,2周龄以内的雏鸡很少发病,目前球虫病发病呈日龄越来越小和大龄化的发展趋势,各种球虫致病性不同,柔嫩艾美耳球虫致病性最强,其次为毒害艾美耳球虫,但一般情况下多为两个以上虫种混合感染,已给养鸡业造成重大经济损失。

三、临床症状

1. 盲肠球虫病

多由柔嫩艾美耳球虫引发,发病4~5d后开始死亡,耐过鸡生长缓慢,蛋鸡产蛋量下降。

病鸡精神不振,鸡冠、肉髯苍白,羽毛松乱,缩颈,眼紧闭,呆立或喜卧,不食,饮欲增加,腹泻,拉暗红色或巧克力色血便,严重时拉鲜血,甚至死亡等。

2. 小肠球虫病

由毒害艾美耳球虫或几种球虫混合感染,症状轻,病程长,可达数周或数月。

病鸡间隙腹泻,贫血,消瘦,多拉混有灰白色黏液的稀粪,衰竭死亡。

四、病理变化

1. 盲肠球虫病

盲肠肿大数倍，暗红色，肠壁增厚，肠腔内充满血样物或血凝块，病程长时盲肠内有暗红色干酪样物。

2. 小肠球虫病

小肠肠壁肿胀，广泛充血、出血，或肠黏膜苍白，白色斑状或圆形坏死灶散在；肠腔内有带血黏液，或豆腐渣样坏死物，浆膜有小出血点或小白点或小白斑散在。

五、鉴别诊断

柔嫩艾美耳球虫：寄生于盲肠，两侧盲肠显著肿大，外观紫红色，肠腔内充满凝固性血块，肠壁变厚。

毒害艾美耳球虫：寄生于小肠前段和中段，肠黏膜有白点、出血点、坏死点，肠腔内有出血性内容物。

布氏艾美耳球虫：寄生于回肠及小肠后段，黏液性出血性肠炎，凝固性坏死。

巨型艾美耳球虫：寄生于小肠中段、后段及前段，肠壁变厚，有黏液性出血性渗出物和瘀斑。

堆形艾美耳球虫：寄生于十二指肠及小肠前段，肠黏膜有横纹状的白斑，外观呈梯状，卡他性渗出物，肠壁增厚。

哈氏艾美耳球虫：寄生于十二指肠，十二指肠有针头状出血点。

变位艾美耳球虫：寄生于十二指肠及小肠前段，肠壁可见含有卵囊的圆形斑点，肠壁增厚。

和缓艾美耳球虫：寄生于十二指肠及小肠前段，有黏液性渗出物，无损害可见。

早熟艾美耳球虫：寄生于十二指肠及小肠前段，有黏液性渗出物，无损害可见。

六、防治

1. 预防

球虫疫苗已在生产中取得较好的预防效果，疫苗不能用于紧急接种，接种前后不得用抗球虫药，也不可应用影响免疫的药物及影响球虫发育的药物（如磺胺、四环素等）。平时及时清理粪便并做无害化处理，做好通风与换气，保持舍内空气新鲜，控制环境的湿度，做好环境的消毒，饲养密度适中，合理搭配日粮，勤换垫料，及时清洗笼具、饲槽、水具等措施可降低发病率传统的方法是药物预防，即从雏鸡出壳后第 1 天即开始使用抗球虫药，采用穿梭用药和轮换用药的方法进行，预防用的抗球虫药主要有以下几种：

（1）氨丙啉，按 0.012 5% 混入饲料，无休药期。

（2）尼卡巴嗪，按 0.012 5% 混入饲料，休药期 5d。

（3）马杜霉素，按 0.005%~0.007% 混入饲料，无休药期。

（4）沙里霉素，按 0.007 5%~0.012 5% 混入饲料，休药期 3d。

（5）莫能霉素，按 0.000 1% 混入饲料，无休药期。

（6）盐霉素，按 0.005%~0.006% 混入饲料，无休药期。

（7）常山酮，按 0.000 3% 混入饲料，休药期 5d。

（8）地克珠利，按 0.001% 混入饲料或饮水，无休药期。

（9）氯苯胍，按 0.000 3% 混入饲料，休药期 5d，由于可使禽肉带异味，近年来已基本停用。

2. 药物治疗

治疗时采用轮换用药、穿梭用药和联合用药的原则，根据峰期合理地选择药物并掌握确切的用量。

（1）选用抗寄生虫药进行治疗。如磺胺类药、磺胺氯吡嗪钠、氨丙啉、地克珠利、妥曲珠利、常山酮等。

（2）采用清热燥湿、杀虫止痢的中药制剂辅助治疗。

【处方 1】鸡球虫散

青蒿 3 000g，仙鹤草 500g，何首乌 500g，白头翁 300g，肉桂 260g。

【用法与用量】混饲，鸡 10~20g/kg 饲料。

【处方 2】驱球散

常山 2 500g，柴胡 900g，苦参 1 850g，青蒿 1 000g，地榆（炭）900g，白茅根 900g。

【用法与用量】混饲，鸡 0.5g/kg 饲料，连用 5~8d。

【处方 3】苦参地榆散

苦参 40g，地榆 30g，仙鹤草 30g。

【用法与用量】混饲，雏鸡预防量 10g/kg 饲料，自由采食，雏鸡治疗量加倍。

【处方 4】常山柴胡散

常山 280g，柴胡 120g，青蒿 300g，白头翁 300g。

【用法与用量】混饲，鸡 10g/kg 饲料，连用 7d。

【处方 5】青蒿末

【用法与用量】鸡，1~2g/只。

【处方6】常青克虫散

地锦草160g，墨旱莲80g，常山100g，青蒿80g，槟榔60g，仙鹤草60g，鸦胆子20g，柴胡80g，黄柏90g，黄芩60g，白芍60g，木香30g，山楂60g，甘草60g。

【用法与用量】鸡1~2g/只。

【处方7】青蒿白头翁散

青蒿60g，白头翁15g，黄芩10g，地榆15g，山大黄20g，鸦胆子2g，墨旱莲15g，板蓝根25g，白芍15g，山楂15g，木香10g，白矾2g，雄黄1g，甘草5g。

【用法与用量】禽10.0g/kg饲料。

【处方8】常青球虫散

常山700g，白头翁700g，仙鹤草400g，苦参700g，马齿苋400g，地锦草400g，青蒿350g，墨旱莲350g。

【用法与用量】混饲，禽1~2g/kg饲料，连用7d。

【处方9】黄连6g，苦楝皮6g，贯众10g。

【用法与用量】水煎取汁，成年鸡分2次、雏鸡分4次灌服，每天2次，连服3~5d。

【处方10】铁苋菜、旱莲草各等份。

【用法与用量】煎汤，每只每天服药2~4g，连服3d，效果较好。

【处方11】青蒿80g，常山80g，地榆60g，白芍60g，茵陈50g，黄柏50g。

【用法与用量】研末，按1.5%比例拌料投服。

【处方12】常山120g，柴胡30g。

【用法与用量】煎汁，供150只鸡饮水。

鸡球虫病图

球虫病引起的血便

盲肠球虫病：泄殖腔周围羽毛被血便浸染

盲肠球虫病：盲肠肿胀，浆膜外点状出血

盲肠球虫病：盲肠内充满暗红色血液或血凝块

盲肠球虫病：盲肠内充满血凝块或暗红色血液

小肠球虫病：十二指肠浆膜外点状出血

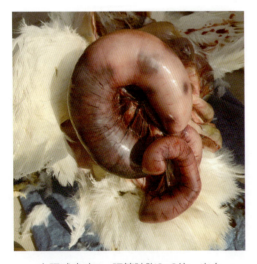

小肠球虫病：肠管肿胀2~3倍，出血

小肠球虫病：肠管肿胀、出血

第三章 寄生虫病

小肠球虫病：肠管肿胀，浆膜外点状出血

小肠球虫病：小肠黏膜有明显的出血点

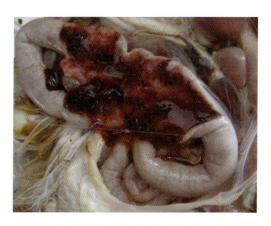
小肠球虫病：小肠内有大量血凝块

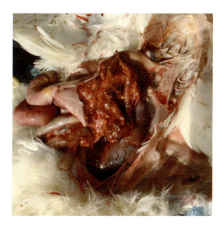
小肠球虫病：肠管内充满血液

小肠球虫病：肠道内有西红柿酱样病变

堆氏球虫病：肠壁水肿，肠黏膜点状坏死

堆氏球虫病：肠管肿胀，肠壁形成假膜

堆氏球虫病：肠黏膜有点状坏死，密集分布呈片状

堆氏球虫病：肠壁变厚形成假膜样坏死

第二节 鸭球虫病

一、概述

鸭球虫病是寄生于小肠上皮细胞的一种严重危害鸭的寄生虫病。特征性症状为消瘦、贫血，拉橘红色或血样粪便，肠道膨大增粗，肠管内充满血样内容物或鲜血，肠黏膜弥漫性出血。

毁灭泰泽球虫和菲莱氏温扬球虫致病性最强，本书着重论述。

二、流行病学

传染源：病鸭和带虫鸭。

传播途径：以消化道传播为主，通过摄入有活力的孢子化卵囊遭受感染，也可经被病鸭或带虫鸭粪便污染的饲料、饮水、土壤和饲养工具等传播，饲养人员的机械性携带卵囊也可引起传播。

易感动物：各种年龄的鸭均可感染，3~6周龄的鸭最易感。

流行特点：多雨季节、地面平养及温暖潮湿的鸭舍等因素常诱发本病或加重本病的流行。

三、临床症状

精神委顿，缩脖，食欲下降，饮欲增加，腹泻，随后排血便，粪便呈暗红色或巧克力色，腥臭。

耐过病鸭生长发育受阻，增长较慢。

成年鸭很少发病，常成为球虫的携带者和传染源。

四、病理变化

毁灭泰泽球虫感染：小肠呈泛发性出血性肠炎，尤以小肠中段最为严重，肠壁肿胀，黏膜密布针尖大小的出血点，或覆一层糠麸样或奶酪样黏液，或者是红色胶冻样黏液。

菲莱氏温扬球虫感染：回肠后部和直肠黏膜轻度出血，严重时直肠黏膜弥漫性出血等。

五、防治

参考鸡球虫病。

鸭球虫病图

拉暗红色或巧克力色稀粪

小肠浆膜外有出血点

肠黏膜脱落、出血

第三节　鹅球虫病

一、概述

鹅的球虫病是由寄生于肾小管上皮内的截形艾美耳球虫和寄生于肠道的鹅艾美耳球虫等引起的对幼鹅危害较严重的一种寄生虫病。

二、流行病学

鹅肾球虫病主要危害3周龄至3月龄的雏鹅，死亡率很高。

鹅肠球虫病危害各种日龄的鹅，幼鹅易感性最大，发病重，死亡率高。

三、临床症状

幼鹅感染截形艾美耳球虫后常呈急性经过。

病鹅精神不振，食欲下降，腹泻，粪便白色，消瘦，衰弱而死，幼鹅死亡率高达87%。

鹅肠道球虫感染后表现为消化系统紊乱，食欲下降，腹泻，拉红色或暗红色稀粪。

四、病理变化

截形艾美耳球虫感染：肾体积肿大，呈灰黑色或红色，有出血斑或灰白色条纹，内含尿酸盐沉积和大量的卵囊。

肠道球虫感染：小肠充满稀薄的红褐色液体，小肠中段和下段的卡他性出血性炎症最严重；也可见大的白色结节或纤维素类白喉坏死性肠炎，假膜下有大量的卵囊和内生性发育阶段的虫体。

五、防治

参考鸡球虫病。

鹅球虫病图

拉白色带血稀粪

拉暗红色稀粪，混有脱落的黏膜组织

第四节 绦虫病

一、概述

绦虫病是由绦虫引起禽的一类肠道寄生虫病,大量虫体感染时,常引起贫血、消瘦、下痢、生长迟缓、产蛋率下降等。本书主要介绍鸡、鸭、鹅的绦虫病。

二、诊断要点

1. 鸡绦虫病

鸡以下痢为主,粪便稀薄,粪便带有脱落的虫体节片,有时混有血液。

病鸡消瘦,生长迟缓,贫血,鸡冠和黏膜苍白,蛋鸡产蛋率下降等,部分病鸡出现共济失调或抽搐等症。

胴体消瘦,皮下水肿,肠道内存在绦虫虫体或虫体节片,小肠黏膜充血或出血等。

2. 鸭鹅绦虫病

精神沉郁,采食量下降,饮水量增加,消化功能下降。

腹泻,拉绿色粪便,有时粪便中混有白色米粒样的孕卵节片。

生长发育受阻,贫血、消瘦,羽毛蓬乱,离群呆立。

运动失调,走路摇摆,倒地挣扎尖叫死亡或突然死亡等。

蛋鸭鹅产蛋率下降等。

病理变化主要为小肠黏膜有针尖大褐色结节,结节中央凹陷。

三、防治

1. 预防

搞好环境卫生,经常清除粪便,堆积发酵,利用生物热杀灭虫体和虫卵,保持禽舍清洁,做好消毒工作,用五氯酚钠等杀灭中间宿主,本病流行的养殖场每年定期进行驱虫2~3次。

2. 药物治疗

(1) 抗绦虫药拌料。原则上在发生绦虫病时,及时对全群展开驱虫。

吡喹酮:按5~15mg/kg体重拌料,1次喂服。

芬苯哒唑:3×10^{-5}浓度拌料,对棘钩赖利绦虫有效率达92%。

硫双二氯酚：150~200mg/kg 体重，以 1∶30 的比例与饲料混匀，1 次投服。

丙硫苯咪唑：按 10~30mg/kg 体重拌料，1 次喂服。

氯硝柳胺：按 50~60mg/kg 体重拌料，1 次喂服。

（2）中药辅助治疗。

【处方 1】槟榔 150g，南瓜子 120g。

【用法与用量】水煎，首次加水 2 000mL 煮沸 30min，第 2 次加水 1 000mL 煮沸 20min，合并 2 次药汁，供 600 只 35 日龄肉鸡分两次混饲或混饮。混饲前鸡群停料 6h 以上，混饮前停水 3~4h。重症病鸡滴服。

【应用】用本方治疗散养崇仁麻鸡绦虫病，用药片刻后可见虫体及粪便排出。用药 1h 后要将鸡群赶出用药地点，清扫和消毒栏舍，以防重复感染。本方有一定的毒性，用药后会出现口吐白沫现象，可皮下注射阿托品（按每千克体重 0.02mg）解毒。

【处方 2】槟榔。

【用法与用量】将槟榔研细粉，按 5 份槟榔粉、4 份温开水、1 份面粉的比例制丸（先将面粉倒入水内打浆，然后混入槟榔粉），每丸 1g（含槟榔粉 0.5g），晒干。按每千克体重 2 丸于早上空腹投服，服药后自由饮水。为巩固疗效，5~7d 后重复驱虫一次。

【应用】用本方治疗鸡绦虫病，用药 30~40min 后开始排虫；5d 后治愈率达 99% 以上。

【处方 3】石榴皮 60g，槟榔 60g。

【用法与用量】加水 1 000mL，煎至 500mL，鸡 2~5mL/次，每天 2~3 次。鹅 1g/kg 体重（按原生药材计），每天 1 次，连用 2~3d，每天服 2~3 次。

鸡绦虫病图

消瘦，精神差

肠道内有白色绦虫

肠黏膜出血,有绦虫虫体

肠道内有绦虫

肠壁水肿,肠道内有大量白色绦虫虫体

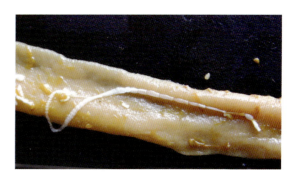
肠道内有脱落的节片及虫体

虫体呈节片状

驱虫后,排出白色绦虫虫体

绦虫虫体堵塞肠道

鸭鹅绦虫病图

蛋鸭肠道内有绦虫或虫体节片

鹅膜壳绦虫病：虫体扁平带状，乳白色，长3~13cm

第五节　鸡住白细胞原虫病

一、概述

住白细胞原虫病是由住白细胞原虫感染引起的一种急性高致死率的细胞内寄生性原虫病，本病以冠髯苍白、贫血、腹泻和产蛋量下降、全身组织器官形成灰白色小结节或斑点状出血或出血囊为特征。

二、流行病学

本病的流行与库蠓的生长繁殖季节有密切关系，以温湿的春夏季最为多发，具有发病急、死亡率高的特点。带虫禽、隐性感染禽及带虫的库蠓是传染源，荒川库蠓、环斑库蠓、尖喙库蠓、恶敌库蠓等是主要的传播媒介，各种日龄的禽均可感染，雏禽发病急、死亡率高，成年鸡呈零星发病。

三、临床症状

鸡冠及肉髯苍白，鸡冠和肉髯有小米粒大小的梭状结节。
体温升高，食欲不振，拉血便或绿色或黑色粪便，死前口流鲜血。
雏鸡发病急，咯血、呼吸困难、猝死。
产蛋率下降，零星死亡。
鸭鹅临床症状与鸡相似。

四、病理变化

全身组织器官形成灰白色小结节或斑点状出血或血肿为典型病理特征。
全身皮下出血，肌肉（胸肌、腿肌、心肌）有大小不一的出血点或出血囊。
心外膜、肝、肾表面及实质、脾、肺、胰、腺胃、肠浆膜面、法氏囊、脂肪及输卵管等部位有广泛性的出血点或出血囊或灰白色小结节。
严重感染时，肾脏肿大，背膜下片状出血；肝被膜破裂出血，腹腔积聚血液，气管、口腔等部位有血凝块。
蛋鸡卵黄变性，卵泡萎缩或破裂等。
鸭鹅住白细胞原虫病病理变化参考鸡的病理变化。

五、防治

1. 预防

消灭中间宿主是预防本病的关键措施，如净化周围环境，禽舍内外环境用 0.1% 敌杀死或 0.05% 辛硫磷或 0.01% 速灭杀丁喷雾等，禁止混养，及时淘汰病禽等。

2. 药物治疗

泰灭净：预防时用 25~75mg/kg 拌料，连用 5d，停 2d，为 1 个疗程。治疗时可按 100mg/kg 拌料连用 2 周，或 0.5% 连用 3d，再 0.05% 连用 2 周。

磺胺二甲氧嘧啶：预防用量为 25~75mg/kg，混入饲料或饮水；治疗按 0.05% 的比例饮水 2d，然后再按 0.03% 饮水 2d。

磺胺喹噁啉：预防用量为 50mg/kg，每 1 000kg 饲料加入 125g。

乙胺嘧啶：预防用量为 1mg/kg；治疗量为 4mg/kg，配合磺胺二甲氧嘧啶 40mg/kg 混入饲料，连续服用 1 周后改用预防剂量。

治疗时，每 1 000kg 饲料中添加 5~10kg 的艾叶或 10~20kg 白头翁散和 300~600g 维生素 C，效果更佳。

鸡住白细胞原虫病图

鸡冠贫血、苍白，倒冠

鸡冠上有米粒大小的出血囊

肾被膜下广泛性出血

肾脏肿胀、出血，有出血囊

胰脏有大小不一的出血点、出血囊

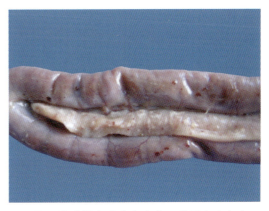

十二指肠浆膜外有隆状出血点，胰脏有出血点、出血囊

肠系膜脂肪有大小不一的出血囊

腹部脂肪有大小不一的出血囊

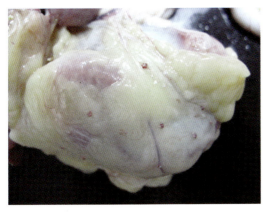

胃部脂肪有点状隆起的出血囊

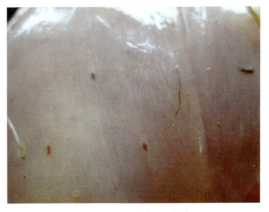

胸肌有点状隆起出血囊

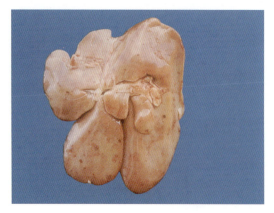
肝脏表面有大小不一的出血囊

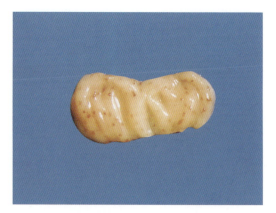
法氏囊内壁有大小不一的点状出血囊

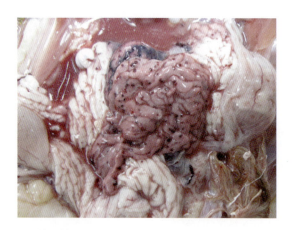
输卵管黏膜有大小不一的点状隆起的出血囊

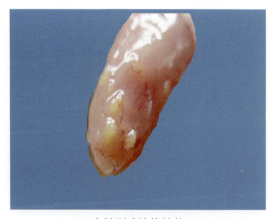
心脏形成梭状结节

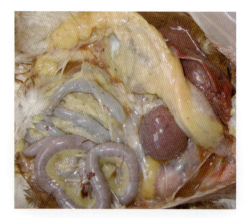
脾脏肿胀、出血，脂肪有出血囊

第六节 鸡蛔虫病

一、概述

鸡蛔虫病是由禽蛔科禽蛔属的多种蛔虫寄生于禽小肠内引起的一种寄生虫病。感染后雏鸡生长受阻、顽固性腹泻，成年鸡下痢、产蛋量下降和贫血等。

二、流行特点

本病主要危害 3~10 月龄小鸡，成年鸡多为带虫者。
传染源：蛔虫卵。
传播途径：因采食感染性虫卵污染的饲料、饮水、污物经口感染。
易感动物：3~4 月龄的禽易感，1 年以上禽多为带虫。

三、临床症状

病鸡起病缓慢，贫血，持续 1~2 周后，瘦弱的鸡迅速增多，冠、脸黄白色，精神不振，羽毛蓬松，行走无力，粪便稀薄，常有少量未消化的饲料颗粒，粪便颜色呈多样化，以肉红色、绿白色多见，发病后期，死亡率增加。

四、病理变化

消瘦、贫血，血液稀薄，十二指肠、空肠、回肠甚至肌胃等部位可见大小不等的蛔虫，肠黏膜出血，肠壁有颗粒状化脓灶或结节；严重感染时，大量虫体相互缠结，导致肠阻塞、肠破裂等。

五、防治

1. 预防

定期驱虫是预防本病的关键措施，同时加强饲养管理，搞好环境卫生，鸡舍要保持干燥和通风良好，饲喂优质饲料，粪便堆积发酵杀死虫卵，鸡舍与运动场清洗后用 3% 氢氧化钠热溶液喷洒，雏鸡和成年鸡分开饲养等措施可降低发病率。

2. 治疗方案

治疗时全天饲喂，禁用敌百虫。
左旋咪唑：25~40mg/kg 体重，口服或拌料。

丙硫苯咪唑：按15~20mg/kg体重口服或拌料。

甲苯咪唑：按30mg/kg体重口服或拌料。

丁苯咪唑：按0.05%比例拌料。

潮霉素：按6~12mg/kg体重拌料。

噻咪啶：按15mg/kg体重口服。

配合驱虫散治疗效果更佳。

【处方】槟榔125g，南瓜子75g，石榴皮75g。

【用法与用量】研成粉末，按2%比例拌料饲喂（喂前停食，空腹喂给），每天2次，连用2~3d。

鸡蛔虫病图

闭眼或微张开，精神不振，呆立

粪便呈肉红色，间或有乳白色

粪便常有少量未消化的饲料颗粒

肠道内有蛔虫

肠黏膜肿胀、出血,内有大量蛔虫

肠道内有大量蛔虫,如电缆线样阻塞肠管

蛔虫随粪便排出

第七节 组织滴虫病

一、概述

组织滴虫病又名盲肠肝炎或黑头病，是由火鸡组织滴虫引起鸡和火鸡的一种以肝脏坏死和盲肠溃疡为特征的原虫病。本病病原主要寄生于盲肠和肝脏，对肉种鸡和蛋鸡影响大，死亡率和淘汰率高，长期影响产蛋量。

二、流行病学

本病潜伏期7~12d，病程1~3周，死亡率一般不超过30%，幼龄火鸡高达70%。四季均可发病，春夏温暖潮湿季节多发，鸡异刺线虫是组织滴虫的储藏宿主，也是本病的传播者。

传染源：组织滴虫在异刺线虫卵巢中繁殖，当该线虫排卵时滴虫也随之而出，滴虫有卵壳保护，存活期长，成为感染源。

传播途径：消化道感染为主，蚯蚓及节肢动物中的蝇、蚱蜢、土鳖、蟋蟀等都可作为机械传播者。

易感动物：多种禽类感染发病，如火鸡、鸡、松鸡、雉鸡、珍珠鸡、孔雀、鹌鹑、鹧鸪等均易感。

三、临床症状

本病多发生于2~6周龄的鸡。

头部皮肤、冠及肉髯呈蓝色或暗黑色，故又称"黑头病"。

精神委顿，羽毛蓬松，两翅下垂，怕冷，瞌睡，食欲降低或拒食，粪便先稀薄呈淡黄色或淡绿色，继而带血或排大量鲜血。

四、病理变化

本病以盲肠炎和肝炎为主。

一侧或两侧盲肠高度肿胀，比正常肿大2~5倍，盲肠壁增厚和充血，浆液性和出血性物充满盲肠，渗出物干酪化后形成肠芯；盲肠黏膜及黏膜下层甚至肌层充血、出血、溃疡，盲肠壁出现溃疡，穿孔后引起腹膜炎等。

肝肿大呈紫褐色，表面有形状不一、大小不等的坏死灶，如车轮状、纽扣状或榆钱样等，有的坏死区融成片，形成大面积的病变区。

肺、肾、脾等部位偶见白色圆形坏死。

五、防治

1. 预防

杀灭虫卵是预防本病的关键措施，同时加强饲养管理，鸡和火鸡隔离饲养；成年鸡和雏鸡分开饲养，及时转舍分群，上笼饲养，清除粪便，严格消毒等措施可降低发病率。

药物预防：卡巴胂按照 $1.5×10^{-4}$~$2×10^{-4}$，硝苯胂酸按照 $1.87×10^{-4}$，异丙硝咪唑按照 $6.25×10^{-5}$，混料。

2. 治疗方案

甲硝唑、二甲硝咪唑、芬苯哒唑或异丙硝咪唑混料进行治疗，疗程7d。如甲硝唑：治疗按250mg/kg混饲，每天3次，连用5d。

【处方1】龙胆草(酒炒)、栀子(炒)、黄芩、柴胡、生地黄、车前子、泽泻、木通、甘草、当归各20g。

【用法与用量】水煎，供100只鸡一次饮服。重症用注射器滴服。

【应用】用本方治疗鸡盲肠肝炎，饮服2d，治愈率达95%。

【处方2】白头翁散

白头翁60g，黄连30g，黄柏45g，秦皮60g。

【用法与用量】禽2~3g/只。

鸡的组织滴虫病图

肝脏有黄白色车轮状坏死灶

肝脏形成纽扣状坏死灶

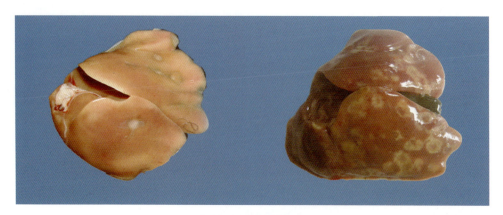

肝脏形成榆钱样坏死

肝脏形成榆钱样坏死，融合较大的坏死灶

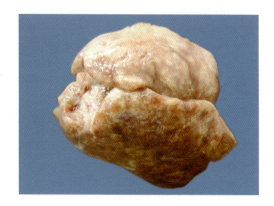

肝脏形成大面积的黄白色坏死灶

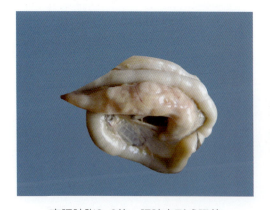

盲肠肿胀2~3倍，肠腔内形成肠芯

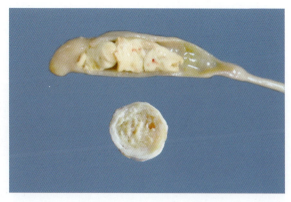

盲肠粗大，内有黄白色干酪样物并形成肠芯，肠芯呈同心圆状

第八节 吸虫病

本书介绍鸭鹅的前殖吸虫病、棘口吸虫病、鸭血吸虫病和棘头虫病。

前殖吸虫病

(一) 概述

前殖吸虫又叫输卵管吸虫，主要寄生在鸭鹅的输卵管内，其次是法氏囊和泄殖腔内，以产蛋率下降和产畸形蛋、薄壳蛋等为主要特征。前殖吸虫的第一中间宿主为淡水螺，第二中间宿主为蜻蜓的稚虫和成虫，前殖吸虫病主要危害鸭，我国各地都有发生，尤其以南方各地更为多见。

(二) 诊断要点

初期产薄壳蛋，易破碎，然后产蛋率下降，逐渐产畸形蛋或流出石灰样的液体，食欲减退，消瘦，腹部膨大，下垂，产蛋停止；后期体温上升，饮欲增加，泄殖腔突出，肛门潮红。

输卵管黏膜初期充血、出血、水肿，后期输卵管壁变薄、破裂，输卵管黏膜有虫体，腹腔内含有大量黄色混浊的液体，卵黄性腹膜炎等。

(三) 防治要点

1. 预防

每年春秋两季定期药物驱虫，合理预防。在淡水螺滋生地施放药物消灭淡水螺类，如硫酸铜和生石灰等。

在蜻蜓出现的季节，勿在早晨或傍晚及雨后到池塘岸边放牧，防止家禽吃到蜻蜓及其稚虫而致感染。

及时清理粪便，堆积发酵，杀灭虫卵。

2. 药物治疗

吡喹酮：按 10~20mg/kg 体重均匀拌料，1 次喂服。

硫双二氯酚：按 30~50mg/kg 体重均匀拌料，1 次喂服。

丙硫苯咪唑：按 20mg/kg 体重均匀拌料，1 次喂服。

棘口吸虫病

(一) 概述

棘口吸虫病是由卷棘口吸虫寄生于鸭鹅直肠和盲肠的一种寄生虫病。棘口吸虫病通过捕食蝌蚪、螺类、小鱼等，或采食浮萍或水草饲料而感染，对雏鸭鹅的危害较为严重，以食欲减退、下痢、出血、消瘦、生长缓慢和出血性肠炎为特征。

（二）诊断要点

虫体数量较少时，无症状或有轻度的肠炎和腹泻。

虫体数量稍多时，消化功能紊乱，食欲不振，贫血，消瘦，生长发育受阻，下痢，粪便中混有黏液，终因衰弱而死。

以出血性肠炎为主，肠黏膜附着大量虫体，肠黏膜脱落、出血等。

（三）防治要点

在流行区的鸭鹅应定期驱虫，粪便堆积发酵以杀灭虫卵，用化学药物或结合土壤改良消灭中间宿主，勿以蝌蚪、小鱼、贝类、浮萍或其他水草等喂鸭鹅。

治疗方案参考前殖吸虫病。

鸭血吸虫病

（一）概述

鸭血吸虫病（又名包氏毛毕吸虫病）是由分体科毛毕属的多种吸虫寄生于鸭的肝门静脉和肠系膜静脉内引起的疾病。鸭血吸虫病中间宿主为椎实螺，多在春末和夏季发病，另外其尾蚴阶段还会感染人，引起尾蚴性皮炎。

（二）诊断要点

食欲下降、消瘦、贫血、发育迟缓等。

门静脉和肠系膜静脉内有虫卵，虫卵堆积在肠壁的微血管内形成小结节，有些虫卵穿过肠黏膜进入肠腔，引起肠黏膜发炎。

严重感染时，肝、胰、肾、肠壁和肺均可发现虫体和虫卵。

（三）防治要点

粪便堆积发酵无害化处理，消灭中间宿主椎实螺，疫区内鸭群应尽量避免到水沟或稻田放养以防感染本病。

治疗方案参考前殖吸虫病。

棘头虫病

（一）概述

棘头虫病是由多形科多形属和细颈科细颈属的棘头虫寄生于鸭鹅小肠内引起的一种寄生虫病。

鸭鹅均可发病，南方放牧养殖的鸭鹅发病率高，鸭的感染率较鹅高些，幼禽最易感染，症状较为严重，死亡率较高。

鸭鹅因吞食含有棘头囊的虾、岸蟹和栉水蚤等中间宿主后感染，在其小肠内发育为成虫，当虫体过多时引起鸭鹅死亡。

（二）诊断要点

成年鸭鹅症状不明显，多为带虫者。

精神沉郁，食欲减退或废绝，下痢，粪便常带血，消瘦，生长发育停滞，死亡等。

肠黏膜卡他性炎症、出血和溃疡，肠浆膜面有黄白色的小结节，肠壁有大量橘红色虫体，虫体固着部位有不同程度的创伤，虫体进入黏膜深部，穿过肠壁的浆膜层，造成肠壁穿孔而继发腹膜炎等。

（三）防治要点

1. 预防

加强饲养管理，饲喂全价饲料，流行地区的鸭鹅药物预防驱虫，雏鸭鹅与成年鸭鹅分水域放养，尽量避免鸭鹅接触中间宿主，选择无中间宿主的水域放牧。

2. 治疗方案

四氯化碳：按 0.5~2mg/kg 体重，1 次灌服。

丙硫苯咪唑：按 15~20mg/kg 体重均匀拌料，1 次喂服。

二氯酚：按 0.5g/kg 体重均匀拌料，1 次喂服。

硝硫氰醚：按 100~125mg/kg 体重均匀拌料，1 次喂服。

第九节　鸭鹅隐孢子虫病

一、概述

隐孢子虫病主要是由贝氏隐孢子虫寄生于鸭鹅的呼吸系统、消化道、法氏囊和泄殖腔内所引起的一种原虫病。鸭鹅通过被隐孢子虫卵囊污染的饲料、饮水、垫料和空气经消化道和呼吸道引起感染,以腹泻或呼吸困难为特征。

二、临床症状

眼结膜感染:眼结膜水肿,流泪等。

消化道感染:精神沉郁,食欲减退,闭目嗜睡,腹泻,粪便为水样或黏稠样,白色或淡黄色,体重减轻,生长发育受阻,翅膀下垂,羽毛蓬乱,喜卧,不愿运动。

呼吸道感染:精神沉郁,鼻腔、气管分泌物增多,流出浆液性鼻液,咳嗽,打喷嚏,呼吸困难,伸颈,张口呼吸,卧地不起,声音嘶哑、失声,羽毛松乱无光,两翅下垂,双侧面部眶下窦肿大。

三、病理变化

鼻腔、喉、气管及支气管黏膜水肿,内有大量黏液性、泡沫状的渗出物。

两侧鼻窦内有大量白色液体,气囊壁增厚、混浊,呈云雾状。

肺脏有肝变或有浅红色斑点,胸腔积水。

法氏囊和泄殖腔黏膜出血、肿胀或坏死,肾脏苍白、水肿等。

四、防治

目前,尚无治疗隐孢子虫病的有效药物。

控制隐孢子虫病的重点是提高饲养管理水平,增强机体的免疫力。

搞好环境卫生,及时清除粪便,并堆积发酵,杀灭隐孢子虫卵,用10%福尔马林溶液、50%漂白粉溶液对环境及场地进行消毒等。

第四章

普通病

第一节 维生素缺乏症

每一种维生素缺乏症都有其特征性的病变，其病因、诊断方法和防治方法基本相同，本书只对其临床特征、病理变化做简要描述。

一、维生素 A 缺乏症

维生素 A 缺乏症是以黏膜、上皮角化，生长发育受阻和干眼病、夜盲症为特征的疾病。

冠白而有皱褶，爪、喙色淡，流泪，眼睑或面部肿胀，眼睑粘连，内有乳白色干酪样物质，眼球凹陷，角膜混浊，重则失明；病情较长且严重时，病鸡出现共济失调、转圈、扭颈等症；蛋禽产蛋率下降，蛋黄颜色变淡，种蛋的受精率、孵化率也低于正常水平，死胚率增加，胚胎发育不良。

口腔、咽部及消化道黏膜肿胀，黏膜有许多灰白色小结节，有时融合成片，成为假膜，假膜脱落后黏膜完整，无溃疡面和出血；气管和支气管黏膜上皮有假膜、小脓疱和坏死；肾肿大呈灰白色，输尿管内有尿酸盐沉积，输尿管、心、肝、脾表面有尿酸盐沉着。

二、维生素 D 缺乏症

维生素 D 缺乏症是以幼禽发生佝偻病、骨软化症和笼养蛋鸡疲劳症为特征的营养代谢病。

食欲不振，生长停滞，异嗜，喙和爪变软，跗关节肿大，腿无力，不能站立，侧卧或伏卧，呈企鹅姿势；雏禽以佝偻病为主。

产蛋禽或种禽发病时薄壳蛋或软壳蛋增加，产蛋率、孵化率下降，死胚增多等。

喙及骨质变软、弯曲、变形但不易折断，肋骨、胸骨、骨盆骨等发生畸形，尤其肋骨与软肋骨连接处膨大如珠状，龙骨呈"S"状弯曲；跗关节和肋骨关节肿大；成年禽的甲状旁腺增大数倍，骨软且易碎，骨密部变薄。

三、维生素 E- 硒缺乏症

本病以脑软化症、渗出性素质和肌营养不良症（白肌病）为特征。

1. 脑软化症

特征性症状为共济失调，头向后或向下弯曲挛缩或向一侧扭转，两腿阵发性痉挛抽搐，不完全麻痹，瘫痪，发育不良，终因衰竭而死。

小脑肿胀、柔软，脑膜水肿，表面散在出血点，脑回和脑沟闭合，坏死组织呈灰白色或黄绿色。

2. 渗出性素质

翅膀、胸部和颈部发生水肿，大面积皮下出血和全身性液体蓄积，腹部皮下蓄积最多，积液部分的皮肤呈蓝绿色，皮下胶冻样或蓝绿色或胶冻样渗出液，心包积液，心脏扩张，肌肉有条纹状出血等。

3. 肌营养不良（白肌病）

贫血，冠白，眼流浆液性分泌物，眼睑半闭，软弱无力，共济失调，时而两腿呈痉挛性抽搐，时而闭目鸣叫等。

胸肌、腿肌的肌纤维呈淡白色的条纹，心脏扩张，心肌色淡变白，肝肿大、质脆、呈黄白色。

火鸡多发生肌胃变性，柔软，色淡，切面有黄白色条纹。

蛋禽产蛋率和种蛋的孵化率降低；公鸡睾丸呈退行性变性，精子生成减少甚至停止，精液品质低劣。

火鸡多于2~3周龄发生，以飞节肿胀为特征。

四、维生素 B_1 缺乏症

维生素 B_1 缺乏症是以多发性神经炎和心肌代谢功能障碍为主要特征的营养代谢病。

雏禽发病率高于成年禽，2周内雏鸡及出壳不久的雏鸭鹅易发病。

病禽精神不振，羽毛蓬松，冠呈蓝色，少食或停食，腿无力，继而腿部麻痹，不能站立和行走；头颈弯向背部，呈特征性的"观星姿势"或角弓反张，倒地，抽搐而死。

成年禽发病过程缓慢，病初厌食，体重减轻，继而神经症状逐渐明显，产蛋量下降，孵化率低，死胚增加等。

尸体消瘦，皮下有广泛性水肿，尤以雏禽最为严重；胃肠有炎症，十二指肠有溃疡、萎缩，心脏右侧扩张（心房比心室明显）；生殖器官萎缩（睾丸比卵巢明显），肾上腺肥大，肝脏呈淡黄色，胆囊肿大等。

五、维生素 B_2 缺乏症

维生素 B_2 缺乏症又名蜷趾麻痹症、核黄素缺乏症，以消化功能障碍、肌肉出血、神经炎等为主要特征。

病禽羽毛粗糙（背部脱毛，皮肤干而粗糙）、厌食、消瘦、贫血、腹泻，跗关节以下呈麻痹状态，趾爪向内卷缩，似握拳状，两腿叉开似游泳状，俗称蜷趾麻痹症。

蛋禽产蛋量下降，孵化率降低，胚胎死亡，孵出的雏禽趾爪卷曲，皮肤表面有结节状绒毛。

臂神经和坐骨神经两侧对称性肿大，直径比正常大4~5倍，质地柔软而失去弹性，呈黄色，神经纤维横纹不清晰；心冠脂肪消失，胃肠有炎症，十二指肠溃疡、萎缩，胃肠道内容物为多量泡沫状；肝脏肿大、柔软；腿部、胸部肌肉呈斑点状出血。

六、泛酸缺乏症

泛酸缺乏症以皮炎、羽毛发育不全和脱落为特征，无特征性肉眼可见的病理变化。

病禽头部羽毛脱落，口角、眼睑以及肛门周围有痂皮，上下眼睑被黏液渗出物黏着；趾间和足底皮肤发炎，表层皮肤脱落，产生小裂隙，裂隙扩大、加深，导致不能行走；足部皮肤增生角化形成疣性赘生物。

蛋禽产蛋率下降，种蛋孵化率下降，死胚增加。

七、烟酸缺乏症

烟酸缺乏症以口炎、皮炎、下痢、跗关节肿大及骨短粗等为特征。

皮肤发炎，化脓性结节。

腿部关节肿胀，骨短粗，腿骨弯曲，跟腱极少滑脱，运动障碍，共济失调，站立困难等症。

口腔黏膜发炎，呈深红色，舌尖为白色，舌呈暗红黑色。

蛋禽脱毛，腿、爪等部位皮肤角化呈鳞片状。

口腔及食管内常有干酪样渗出物，胃和小肠黏膜萎缩，盲肠和直肠黏膜有豆腐渣样覆盖物，肠壁增厚易碎；肝脏萎缩、脂肪变性。

八、生物素缺乏症

生物素缺乏症以喙底、皮肤、趾爪发生炎症及骨发育受阻呈现短骨为特征。

雏禽食欲不振，衰弱，生长迟缓，脚、喙和眼周围皮肤发炎，脚底粗糙、结痂，开裂出血等。

眼睑肿胀，分泌炎性渗出物，嗜睡，嘴角损伤，爪趾坏死、脱落，脚和腿上部皮肤干燥，麻痹等。

种禽产蛋率下降，孵化率降低，胚胎和孵出的鸭鹅有先天性胫骨短粗，骨骼畸形，共济失调等症。

九、维生素B_6缺乏症

雏禽食欲不振，生长迟缓，贫血，胫骨粗短，异常兴奋，全身性痉挛，运动失调，身体向一侧偏倒，头颈和腿脚抽搐，终因衰竭而死。

成年禽贫血、苍白，无神经症状，皮下水肿，内脏器官肿大，脊髓和外周神经变性。

十、叶酸缺乏症

雏禽生长停滞，贫血，羽毛生长缓慢，色素消失，白羽，脚软弱症或骨短粗症。

种禽产蛋率和孵化率下降，因破壳困难而致胚胎窒息死亡，死亡胚的喙变形、下颌缺损和胫骨弯曲等。

十一、维生素 K 缺乏症

突然死亡，出血不止，凝血不良，死前全身营养状态良好，肌肉丰满。

慢性病例机体消瘦，精神沉郁，贫血，胸部、腹部、翅膀及腿部皮下有紫蓝色的出血点或出血斑。

胚胎死亡率增加，死胚胚胎出血。

肌肉苍白，腿、胸肌等处有大小不等的出血点或出血斑，肠黏膜、心肌、心冠沟脂肪及脑膜上有出血点或出血斑。

维生素A缺乏症：羽毛蓬松

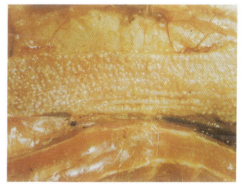

维生素A缺乏症：食管有大量细小结节凸出于表面

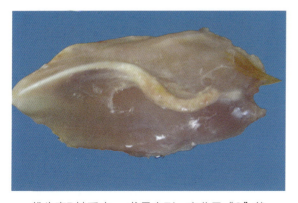

维生素D缺乏症：龙骨变形，弯曲呈"S"状

脑软化症：病雏鸡歪头扭颈，软脚

脑软化症：大脑半球后部组织严重缺损

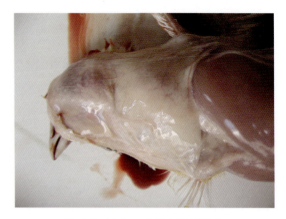

渗出性素质：皮下有胶样渗出

渗出性素质：下颌部皮下组织水肿，皮肤外观呈蓝绿色

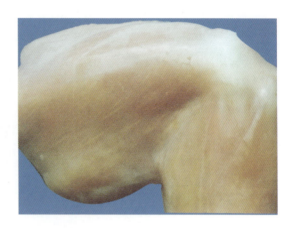

肌营养不良症：腿肌有条纹状变性和坏死

维生素B_1缺乏引起观星状姿势

维生素B_2缺乏引起鸡爪卷曲

维生素B_2缺乏引起坐骨神经麻痹，双腿呈"劈叉状"张开

维生素B_2缺乏引起双脚的趾爪向内卷曲，双腿以跗关节着地，不能站立

第二节　矿物质缺乏症

每一种矿物质缺乏症都有其特征性的病变，其病因、诊断方法和防治方法基本相同，本书只对其临床症状、病理变化做简要描述。

一、锰缺乏症

锰缺乏症以骨的形成障碍、胫骨短粗和生长发育受阻为特征。

病禽胫骨短粗和脱腱症，即腿骨短粗，胫、跖骨关节肿大、扭转，骨弯曲变形，腓肠肌腱（后跟腱）从跗关节的骨槽中滑出而呈现脱腱症状，俗称脱腱症。

病禽跛行，关节着地，腿外展，常一只腿前伸、后伸或侧伸，头前伸或向下弯，或缩向背后，因采食不便衰竭而死。

种蛋孵化率下降，大多数胚胎出壳前死亡，死胚软骨发育不良，翅短，腿短粗，头呈圆球状，喙短弯呈特征性的"鹦鹉嘴"。

二、锌缺乏症

病禽食欲下降，消化不良，羽毛发育异常，翼羽、尾羽缺损，无羽毛，新羽不易生长；发生皮炎，角化呈鳞状，产生较多的鳞屑，腿和趾上有炎性渗出物或皮肤坏死，创伤不易愈合；生长发育迟缓或停滞；骨短粗，关节肿大；蛋禽产蛋量降低，蛋壳薄，孵化率低，易发啄蛋癖。

三、钙、磷缺乏症

病禽精神沉郁，食欲减退，生长缓慢，虚弱无力，站立不稳，喙、爪变软易弯曲变形，两腿长骨骨质钙化不良，变薄变软，呈"O"形或"X"形，常因采食、饮水障碍而衰竭死亡。

胸骨变软、弯曲，龙骨呈"S"形，肋骨和肋软骨接合部出现球形肿大，形成"串珠状肋"。

蛋禽产蛋量减少，蛋壳变薄、易碎，软壳蛋或无壳蛋增多，骨质疏松，胸骨变软，易骨折、瘫痪等。

锰缺乏时病鸡运动障碍，胫骨变粗

锰缺乏引起鸡肘部外翻

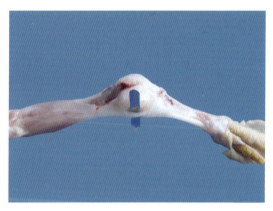
锰缺乏引起屈伸肌腱脱鞘

钙、磷缺乏引起的瘫痪

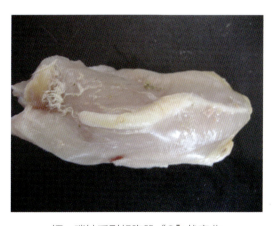
钙、磷缺乏引起胸肌"S"状弯曲

钙、磷缺乏引起肋骨念珠状增生

第三节 中毒病

每一种中毒病都有其特征性的病变,其病因、诊断方法和防治方法基本相同,本书对其临床症状及病理变化简要论述。

一、食盐中毒

1. 临床症状

慢性病例持续性腹泻,厌食,饮水量异常增多,发育迟缓,精神不振。

急性中毒时,极度口渴,狂饮不止,食欲废绝,尖叫,口鼻流出大量的黏液,嗉囊软胀,剧烈下痢,运动失调,时而转圈、时而倒地,两腿无力,迅速死亡。

2. 病理变化

病理变化以尸僵不全,血液黏稠、凝固不良为特征。

皮肤干燥,蜡黄色;嗉囊膨大充满液体;头部皮下水肿,肺水肿;腺胃黏膜充血,表面形成假膜;急性卡他性肠炎或出血性肠炎,黏膜充血;脑膜充血,有针尖大的出血点;肝变硬,有出血点或出血斑;肾肿大、色淡;心肌、心冠脂肪有小出血点,腹腔和心包积液等。

二、喹乙醇中毒

1. 临床症状

慢性中毒:冠和肉髯呈暗红或黑紫色,下痢,软脚,零星死亡。

急性中毒:精神严重沉郁,缩头呆立,动作迟缓,流涎,采食量下降,饮水量增加,拉黄白色稀粪;部分病禽兴奋,呼吸急促,乱窜急跑,走路摇摆,甩头抽搐,痉挛,角弓反张,脚软瘫痪,衰竭死亡。

水禽(鸭鹅)上喙有水疱,破裂脱皮,干涸龟裂,喙上短下长,单侧或双侧失明,或脚蹼变形,角质层坏死等。

2. 病理变化

血液暗红,凝固不良,心肌弛缓,心外膜充血、出血,心包液增多;肝脏肿大、瘀血,色暗红,质脆,表面有出血点;肾瘀血、肿大,质脆软,肾小管及输尿管内含有灰白色尿酸盐,出血;腺胃黏膜出血,肌胃角质层下有出血点或出血斑,腺胃与肌胃交界处有出血带;十二指肠与泄殖腔黏膜弥漫性出血,盲肠充血、出血,盲肠扁桃体肿胀、出血;脑膜充血、出血,胸肌、腿肌有条状出血。

三、亚硝酸盐中毒

1. 临床症状

急性中毒：突然挣扎、倒地死亡，死后尸僵完全。

慢性中毒：精神不振，喙部发绀，食欲减退或废绝，流涎，口吐白沫，拉稀粪，步态不稳，驱赶时行走无力，摇摆不定。

病程稍长，呼吸困难，口腔黏膜、眼结膜和胸腹部皮肤发绀，全身抽搐，下肢瘫痪，卧地不起，因窒息死亡。

2. 病理变化

皮肤发绀，心肌变软，血液稀薄，呈褐色酱油状，凝固不良。

肠黏膜充血、脱落或溃疡。

肝脏偶见针尖状出血点，色变暗。

肾脏为灰蓝色或浅灰色等。

四、磺胺类药物中毒

1. 临床症状

精神沉郁，羽毛蓬松，眼半开似睡，不愿运动，躯体蜷缩，痉挛、麻痹，肌肉颤抖。

头部肿大，呈蓝色，眼结膜苍白、黄染。

少食或拒食，饮欲增加；下痢，粪便呈酱色。

皮下广泛出血，多因出血过多而死亡，死前挣扎，鸣叫。

2. 病理变化

皮下、肌肉广泛出血，尤其是腿、胸肌更为明显，有出血斑点。

心内外膜斑块出血，心肌有刷状出血和灰色结节区。

脑膜充血、水肿，胸、腹腔内有淡红色积液。

胃肠道黏膜充血、出血。

肝脾肿大、出血。

肾肿大、苍白、出血呈花斑状，输尿管变粗，管内充满白色尿酸盐。

五、黄曲霉素中毒

1. 临床症状

食欲不振，生长减慢，异常尖叫，啄羽，水禽脚蹼出血，后期跛行，消瘦，贫血，共济失调，角弓反张等。

成年禽食欲减少，消瘦，贫血，产蛋率下降，小蛋增多，种蛋孵化率降低。

2. 病理变化

急性中毒病例：肝脏肿大，颜色变淡呈灰色，有出血斑点，表面呈网格状；肺脏表面及切面有大小不一的灰白色病灶；胆囊扩张，肾脏苍白、稍肿大；胸部皮下和肌肉有时出血。

慢性中毒病例：肝脏体积缩小呈黄色，质地坚硬，肝表面常有白色点状或结节状增生病灶。

六、生石灰中毒

1. 临床症状

精神不振，羽毛蓬乱，翅膀下垂，只饮不食，拉灰白色稀粪，低头缩颈，呈昏睡状，终因虚脱而死。

2. 病理变化

食管、嗉囊及气管充血。

肌胃角质层下有黄豆粒大或蚕豆粒大的糜烂斑。

十二指肠出血，直肠黏膜水肿、溃疡。

肝肿大易碎，脾肿大，胆囊胀满，胆汁黏稠等。

七、鸭肉毒梭菌毒素中毒

1. 临床症状

精神萎靡，喜静，瞌睡，颈部、翅膀或两脚神经麻痹，头颈软弱无力向前垂伸，两翅下垂着地，瘫痪，下痢，拉绿色稀粪，昏迷而死。

2. 病理变化

嗉囊内有难闻的酸臭味。

肠道充血、出血，十二指肠无食。

喉和气管有少量带泡沫的黏液，喉黏膜有少量的出血斑点。

心外膜有针尖样的出血点。

肺轻微出血。

严重时所有器官充血，肺水肿。

第四节 痛 风

一、概述

痛风称为尿酸盐沉积症，本病是由蛋白质代谢障碍和肾脏受损害，致使尿酸盐或尿酸蓄积体内引起的一种营养代谢病，以肾脏肿大苍白，体内各器官广泛沉积白色尿酸盐为典型病理特征。

二、临床症状

痛风分为内脏型和关节型，内脏型痛风常见，发病率时高时低，死亡率特别高，关节型痛风较少发生。

1. 内脏型

精神沉郁，羽毛松乱，冠苍白、贫血、萎缩，逐渐消瘦。

食欲不振，皮肤脱水、发干，拉白色水样或糊状稀粪，含多量尿酸盐，无力，喜卧。

皮肤瘙痒，自啄羽毛，瘫痪，脱水而死。

产蛋量下降，甚至停产，种蛋的孵化率降低。

2. 关节型

关节肿胀，疼痛，有豌豆至蚕豆大的黄色坚硬结节，溃破后流出白色稠膏状的尿酸盐。行动迟缓，站立困难，跛行，卧伏，采食困难，逐渐虚弱，消瘦而死。

三、病理变化

1. 内脏型

脱水，皮肤发绀。

肾肿大，色淡，表面有尿酸盐沉着形成的白色斑点，输尿管变粗，充塞石灰样沉淀物。

肝包膜和心包膜有尿酸盐沉积。

肠系膜及腹膜等处被大量白色尿酸盐薄膜覆盖。

瞬膜、眶下窦、脾脏、气囊、腺胃、法氏囊、胆囊、肌肉（如腿肌、胸肌等）及输卵管等部位有尿酸盐沉积。

2. 关节型

关节面及周围组织有白色尿酸盐沉积，切开肿胀关节有白色石灰乳样尿酸盐沉积，有的关节面糜烂，有的呈结石样的沉积垢，又称为痛风石或痛风瘤。

四、防治

1. 防治原则

消除病因，对症治疗，按照营养标准配料，减少动物性蛋白质含量，供应充足饮用水，避免过量使用磺胺类及氨基糖苷类等对肾脏有毒副作用的药物，提高维生素用量尤其是维生素 A 和维生素 C 等措施可有效降低发病率。

2. 治疗方案

目前还没有特效疗法，治疗较为困难。一般发病后，采用增强尿酸盐排泄的药物对症治疗，消除肾肿，降低饲料蛋白质含量，补充大量维生素电解质尤其是维生素 A 和维生素 C，采用清热解毒、通淋排石的中药方剂治疗，并供应充足的水，有较好的疗效。

（1）选用增强尿酸盐排泄的药物治疗。

丙磺舒：0.1~0.2g/kg 饲料。此药可抑制尿酸盐在肾小管的重吸收，增加尿酸盐的排泄。

别嘌呤醇：0.01~0.05g/kg 饲料。此药可竞争抑制体内的黄嘌呤氧化酶，减少尿酸合成。与丙磺舒并用，作用增强。

阿托方：0.2~0.5g/kg 体重，口服，每天 2 次。此药可提高肾脏排泄尿酸盐的能力，减轻关节疼痛，但长期使用对肝、肾有不良影响。

1% 碳酸氢钠溶液或 0.25% 枸橼酸钠溶液：饮水，每天 1 次，连用 2~3d。

阿司匹林、碳酸氢钠联合用药：阿司匹林 12.5g、碳酸氢钠 35g，对水 200kg，连用 5~7d。

枸橼酸钾、碳酸氢钠联合用药：枸橼酸钾 100g、碳酸氢钠 100g、葡萄糖 50g，对水 125kg，连用 2~5d。

复方阿司匹林可溶性粉：阿司匹林 99g、氯化钠 100g、枸橼酸 1g、碳酸氢钠 700g、氯化钾 100g，混饮，每升水加本品 3g，连用 3d。

（2）选用清热解毒、通淋排石的中药制剂治疗。

【处方 1】金钱草散

金钱草 60g，车前子 9g，木通 9g，石韦 9g，瞿麦 9g，忍冬藤 15g，滑石 15g，冬葵果 9g，大黄 18g，甘草 9g，虎杖 9g，徐长卿 9g。

【用法及用量】混饲，鸡每 1 千克饲料 5~10g。

【处方 2】茵陈大腹皮散

茵陈 100g，车前子 40g，泽泻 30g，茯苓 50g，百部 30g，板蓝根 50g，大腹皮 50g，地龙 10g，麻黄 15g，桂枝 5g。

【用法及用量】鸡 1g/只，连用 3d，雏鸡酌减。

【处方 3】鸡痛风消散

木通 40g，海金沙 30g，诃子 60g，甘草 30g，车前子 30g，猪苓 60g，地榆 40g，乌梅 50g，连翘 40g，苍术 60g。

【用法及用量】鸡 1g/只。

【处方 4】降石汤

降香 3 份，石韦 10 份，滑石 10 份，鱼脑石 10 份，金钱草 30 份，海金沙 10 份，鸡内金 10 份，冬葵子 10 份，甘草梢 30 份，川牛膝 10 份。

【用法与用量】粉碎混匀，拌料喂服，每鸡每次服 5g，每天 2 次，连服 4d 为 1 个疗程。

【应用】用本方内服，同时饲料中补充浓缩鱼肝油（维生素 A，维生素 D）和维生素 B，10d 后病势好转，追踪 3 个月，再无痛风发生，产蛋量在 3~4 周后恢复正常。发生本病应立即改善饲养管理，一是饲料的粗蛋白质含量调整到 15%~16%；二是增补较好的青饲料，并充分供水；三是停止使用呋喃唑酮、磺胺类药和碳酸氢钠。

【处方 5】地榆 30g，连翘 30g，海金沙 20g，泽泻 50g，槐花 20g，乌梅 50g，诃子 50g，苍术 50g，金银花 30g，猪苓 50g，甘草 20g。

【用法与用量】粉碎过 40 目筛，按 2%拌料饲喂，连喂 5d。食欲废绝的重病鸡可填喂。

【应用】用本方治疗海兰白 W-36 商品蛋鸡痛风，连用 5d，治愈率 96.5%。本方适用于内脏型痛风。预防时，方中去地榆，按 1%的比例添加混饲。

【处方 6】滑石 80g，黄芩 80g，茯苓 60g，车前草 60g，猪苓 50g，枳实 40g，海金沙 40g，小茴香 30g，甘草 35g。

【用法与用量】每剂上、下午各煎水 1 次，加 30%红糖让鸡群自饮，第 2 天取药渣拌料，全天饲喂，连用 2~3 剂为 1 个疗程。

【应用】用本方治疗禽痛风 2 万只，治愈率在 95%以上。本方适用于内脏型痛风。

【处方 7】黄芩 80g，茵陈 100g，车前子 50g，泽泻 40g，茯苓 50g，猪苓 50g，百部 30g，板蓝根 50g，大腹皮 50g，麻黄 15g，桂枝 10g，海金沙 50g，甘草 35g。

【用法与用量】拌料，5~10g/kg 饲料。

鸡的痛风病图

肛门附近染有白色尿酸盐粪便，关节肿胀、变形

粪便混有白色尿酸盐

内脏型：眶下窦肿胀，内有尿酸盐沉积

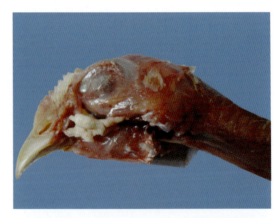

内脏型：瞬膜及眶下窦有白色尿酸盐沉积

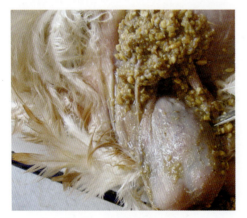

内脏型：嗉囊内有尿酸盐

内脏型：肌肉内有白色尿酸盐沉积

内脏型：肌肉附有尿酸盐沉积

内脏型：龙骨下有尿酸盐沉积

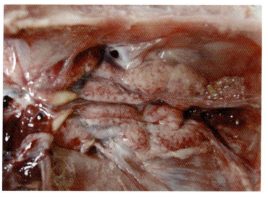
内脏型：肾脏肿大、苍白，有尿酸盐沉积

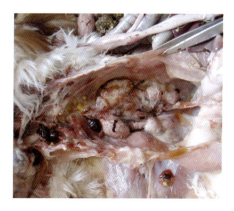
内脏型：花斑肾，有尿酸盐沉积

内脏型：心、肝等内脏及肠系膜等处被大量尿酸盐薄膜覆盖

内脏型：剥离肝被膜后，肝脏内有大量白色尿酸盐沉积

内脏型：胆囊内充盈大量尿酸盐沉积，胆囊浆膜被尿酸盐薄膜覆盖

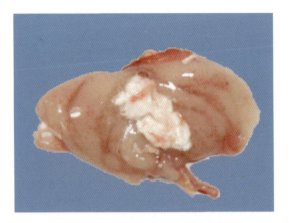
内脏型：法氏囊内有白色尿酸盐沉积

内脏型：腺胃和肌胃交界处积有尿酸盐

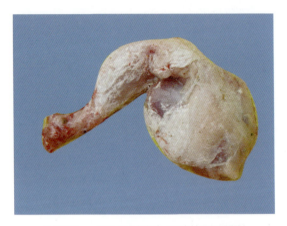
内脏型：胃表面被白色尿酸盐沉积覆盖

内脏型：心包膜有大量白色尿酸盐沉积

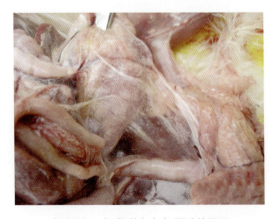
内脏型：气囊附有白色尿酸盐沉积

第四章　普通病

内脏型：输卵管浆膜外有尿酸盐沉积

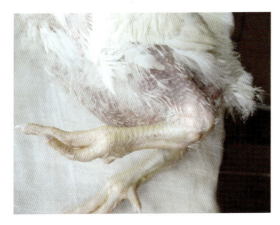

关节型：关节肿胀、变形，有大小不一的白色结节隆起

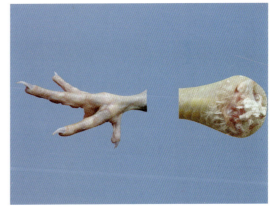

关节型：关节肿胀，关节面和周围组织中充满白色石灰样尿酸盐

鹅的痛风病图

关节炎型：关节肿胀、变形

关节炎型：关节腔内有白色尿酸盐沉积（1）

关节炎型：关节腔内有白色尿酸盐沉积（2）

内脏型：心、肝等表面有大量尿酸盐沉积

内脏型：心包膜内有大量白色尿酸盐沉积，与心肌黏连

内脏型：心包膜内有大量白色尿酸盐沉积，肝被膜及肝实质内有白色尿酸盐沉积

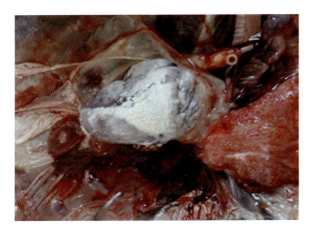
内脏型：心外膜有白色尿酸盐沉积

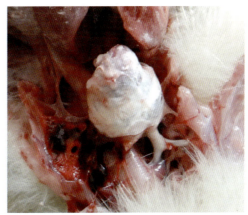
内脏型：心肌被白色尿酸盐沉积包裹

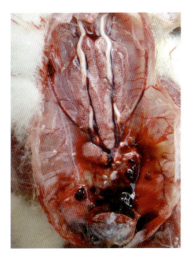
内脏型：花斑肾，输尿管变粗，内充满大量白色尿酸盐

内脏型：肾脏肿大、出血

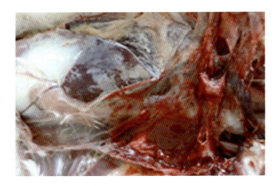
内脏型：肝脏、气囊等部位有白色尿酸盐沉积

内脏型：胸气囊及肝脏表面沉积白色尿酸盐

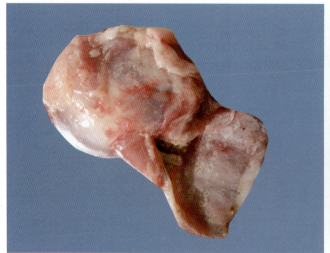
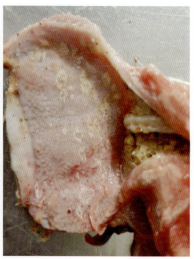

内脏型：腺胃内有尿酸盐沉积

内脏型：肠系膜及肠浆膜处有白色尿酸盐沉积

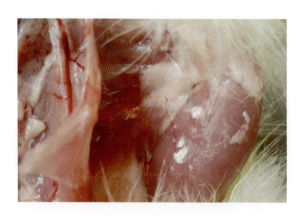

内脏型：腿肌有尿酸盐沉积

内脏型：龙骨下有尿酸盐沉积

第五节　腹水综合征

一、概述

腹水综合征多发生于肉禽，是由多种致病因子造成的以慢性缺氧、代谢功能紊乱而引起的右心室肥大扩张、肺瘀血水肿、肝肿大和腹腔大量积液为特征的疾病。

二、临床症状

本病四季均可发生，以冬季多发，死亡率高，最早3日龄雏鸡发病，3~6周龄的肉鸡多发，快大型品种肉鸡及肉鸭、肉鹅等易发病。

精神沉郁，食欲减退，呼吸困难，冠髯发紫。

腹部膨大，胀如水袋，下垂，触摸有明显波动感，腹部皮肤变薄发亮呈暗褐色。

站立困难，以腹部着地呈企鹅状，行动缓慢，呈鸭步样。

腹泻，拉白色、黄色或绿色稀粪，有时怪叫，出现腹水后2d左右死亡。

三、病理变化

腹腔中积有大量澄清透明液体或胶冻样积液，内有纤维蛋白凝块或絮状物，积液呈淡黄色或带血色，若肝脏破裂则出现带血腹水。

心脏体积增大，心壁变薄，右心室明显扩张、柔软，心包积液，积液有时呈胶冻状。

肝脏肿大、充血或瘀血或萎缩、硬化，实质部有圆形斑点或结节，表面有灰白色或淡黄色胶冻样物覆盖，类似蛋清。

肺瘀血、水肿；肾肿大、充血，有尿酸盐沉积；脾脏萎缩；胆囊充盈；肠道出血，肠管变细，内容物稀少；肌肉出血等。

四、防治

1. 预防

（1）遗传选育。用科学的方法选育对缺氧和腹水有抗性的新品系。

（2）合理搭配饲料，减少粗蛋白质含量，防止高脂饲料，添加饲料酶抑制剂和适时限饲，严格掌握饲料中食盐含量，限制饮水，加强饲养管理，搞好环境卫生，饲养密度适中，保持舍内合适的湿度和温度，保持舍内充足的氧气等措施均可降低发病率。

（3）药物预防。每1 000g饲料中添加维生素C 0.5g，维生素E 2mg，亚硒酸钠0.1mg，可降低本病的发生率。

2. 治疗方案

及时消除病因，抗微生物药拌料或饮水控制细菌的继发感染，采用清热利湿、通淋、消肿的中药消除和减少腹水，并限制饮水调整钠盐平衡。

【处方1】肾肿腹水消散

猪苓10g，泽泻10g，苍术30g，桂枝20g，陈皮30g，姜皮20g，木通20g，滑石30g，茯苓20g。

【用法及用量】混饲，鸡5g/kg饲料，连用3~5d，预防用量减半。

【处方2】二苓车前子散

猪苓20g，茯苓20g，泽泻20g，白术20g，桂枝10g，丹参20g，滑石40g，车前子20g，葶苈子20g，陈皮20g，附子10g，山楂20g，六神曲30g，炙甘草10g。

【用法及用量】混饲，鸡20g/kg饲料。

【处方3】泽苓利水散

黄芪200g，泽泻150g，紫草150g，绞股蓝350g，茯苓150g。

【用法及用量】混饲，鸡4g/kg饲料。

【处方4】当归芍药散

当归30g，川芎30g，泽泻30g，白芍30g，茯苓30g，白术20g，木香20g，槟榔30g，生姜20g，陈皮20g，黄芩20g，龙胆草20g，生麦芽10g。

【用法与用量】混合粉碎，过100目筛，供100~150只7~35日龄肉仔鸡拌料饲喂，连用3d为1个疗程。

【应用】用本方治疗2 500只肉仔鸡，一般1~2个疗程治愈，治愈率达97.5%。

【处方5】腹水消

丹参50g，川芎30g，茯苓20g。

【用法与用量】粉碎，拌料，4g/kg饲料。

【应用】用本方能有效治疗肉鸡腹水综合征。还可将3种药物混合煮沸30min，继续浸泡2h，加开水调至每毫升含生药1g，每千克水加药2mL饮服，每天2~3次，3~5d为1个疗程。

【处方6】党参45g，黄芪50g，苍术30g，陈皮45g，瞿麦40g，木通30g，赤芍50g，甘草50g，茯苓35g。

【用法与用量】粉碎，按每千克体重1g拌料饲喂，每天2次，连用3d。

【应用】用本方治疗肉鸡腹水综合征，治愈率达98%以上。

【处方7】陈皮50g，丹参50g，茯苓50g，白术50g，茵陈50g，黄芪10g。

【用法与用量】煎服，供75~100只鸡饮用1天，每天1次。

【应用】用本方治疗肉鸡腹水综合征,治愈率达 95% 以上,预防保护率达 100%。

【处方 8】黄芪 100g,滑石 100g,猪苓 50g,泽泻 50g,白术 50g,白芍 50g,柴胡 50g,葶苈子 60g,桔梗 60g,大青叶 60g,大枣 60g,白头翁 60g,大戟 30g,甘遂 30g。

【用法与用量】煎水,供 400 只 20 日龄鸡自饮 1d,第 2 剂减量 1/3。

【应用】用本方治疗腹水和大肠杆菌感染,共 3 剂,病鸡停止死亡。发病较重者,服药 2~3d 后呼吸困难得到缓解,7d 后基本治愈。

【处方 9】二丑 500g,泽泻 500g,木通 500g,商陆根 500g,苍术 500g,猪苓 500g,灯芯草 500g,竹叶 250g。

【用法与用量】共研细末,每只每次喂服 1g,连用 3d。

【处方 10】白术 30g,茯苓 30g,桑白皮 30g,泽泻 30g,大腹皮 30g,茵陈 30g,龙胆草 30g,白芍 25g,木瓜 25g,姜皮 25g,青木香 25g,槟榔 25g,甘草 25g,陈皮 20g,厚朴 20g。

【用法与用量】煎汁加清水适量,供 40 只鸡饮用,连饮 3d。

【处方 11】猪苓、茯苓、苍术、黄芪、苦参、连翘、甘草各 100g。

【用法与用量】煎煮后药汁和药渣拌料,供 100~200 只鸭鹅使用,连用 3~5d。

【处方 12】大黄 50g,枳壳 10g,莱菔子 80g,茯苓 60g,猪苓 40g,青皮 60g,陈皮 60g,泽泻 50g,木通 40g,苍术 30g,白术 60g,槟榔 40g,茵陈 60g,车前草 80g。

【用法与用量】水煎后供 100~150 只鸭鹅饮用,连服 3~5d。

【处方 13】猪苓 30g,茯苓 30g,白术 30g,黄芪 30g,大腹皮 30g,泽泻 45g,木香 20g。

【用法与用量】煎煮后药汁和药渣拌料,供 100 只鹅使用,连用 7d。

腹水综合征病图

腹部膨大

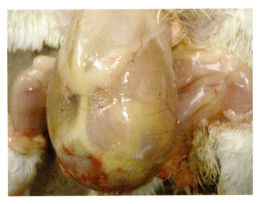

腹腔内有大量液体

腹腔充满大量液体

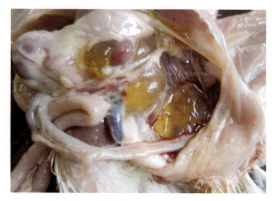

腹腔内有黄色胶冻样渗出物

腹腔积液，心脏肿大且心包积液，肝脏变性

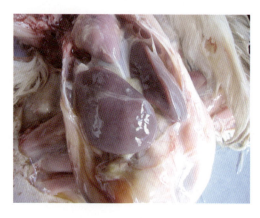

早期：肝脏瘀血，肝被膜增厚，脱落

后期：肝脏硬化

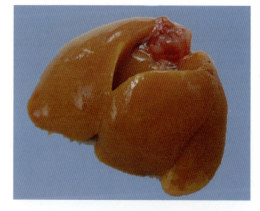

肝脏变性，表面有黄白色坏死灶散在

第四章 普通病

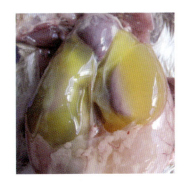

肝脏表面渗出大量淡黄色胶冻样物

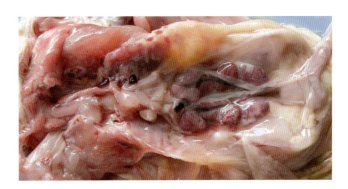

肺瘀血，水肿；肾脏肿大出血

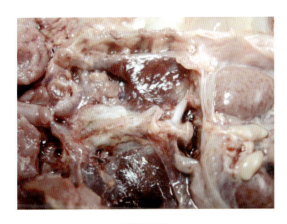

肺脏出血

心包积液

左侧为正常心脏，右侧为腹水征的心脏呈代谢性肥大，心壁变薄

鹌鹑：腹腔积液

第六节 脂肪肝综合征

一、概述

脂肪肝综合征是以脂肪代谢障碍，肝脏大量沉积脂肪，导致肝脏脂肪发生脂肪变性的疾病，以体脂沉积，肝脏肿大、质脆易碎、变黄及点状出血为特征。

二、临床症状

本病多发生于高产蛋禽或产蛋高峰期蛋禽及肉用仔鸭鹅，从发病到死亡1~2d，多数禽体况好，较肥胖，蛋禽产蛋率明显下降。

精神不振，采食量减少，喜卧，冠、肉髯褪色乃至苍白，嗜睡、瘫痪，腹部膨大且软绵下垂，腹泻，昏迷或痉挛而死。

三、病理变化

肝脏肿大，质脆易碎，边钝圆，呈黄色油腻状；肝脏表面有出血点或白色坏死灶，切面上有脂肪滴附着；肝破裂发生内出血时，肝脏表面和腹腔内有凝血块。

皮下、腹腔和肠系膜、肌胃、心脏等部位脂肪沉积；肾脏略变黄，脾脏、心脏、肠道等有小出血点，心肌变性呈黄白色。

四、防治

1. 预防

合理搭配饲料，保持能量与蛋白质平衡，适当限制饲料喂量，禁止使用发霉饲料原料，保持体重适当，适当添加多种维生素、微量元素及氯化胆碱等措施有利于减少本病的发生。发病后，应立即降低饲料中的能量水平，增加1%~2%蛋白质，病情较严重的禽，直接淘汰。

2. 治疗方案

（1）每1 000kg饲料中添加硫酸铜63g、胆碱550~1 000g、维生素B_{12} 12mg、维生素E 2万IU、蛋氨酸500g、肌醇1 000g，连续饲喂10~15d。

（2）每1 000kg饲料中加氯化胆碱1 000~2 000g，连喂10d，饮水中添加适量多种电解质维生素，或复方维生素纳米乳，连饮1~2周。

（3）采用燥湿解毒、清热疏肝的中药制剂辅助治疗。

【处方 1】柴胡 30g，黄芩 20g，丹参 20g，泽泻 20g，五味子 10g。

【用法与用量】粉碎，按每只鸡 1.0g，每天早晨拌料，一次喂给。

【应用】用本方治疗鸡脂肪肝，用药 3d 后症状缓解，后改为隔天用药，10d 后病情得到控制。若在产蛋高峰到来前用药，按每只鸡 0.5g，隔 2d 用 1 次，鸡产蛋率提高。

【处方 2】柴胡 30g，黄芩 20g，丹参 20g，泽泻 20g，五味子 10g，绞股蓝 10g，板蓝根 15g。

【用法与用量】粉碎，按每只鸡 1~3g 拌料，集中一次喂给，连用 5~7d。

脂肪肝综合征病图

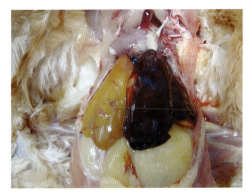

肝脏颜色变浅，易破裂，肝脏表面或腹腔内有血凝块，沉积大量脂肪

肝脏颜色变浅，呈黄色油腻状，肝脏有出血点或出血斑，腹腔内沉积有大量的脂肪

肝脏肿大、色淡，有条状出血，腹腔沉积大量的脂肪

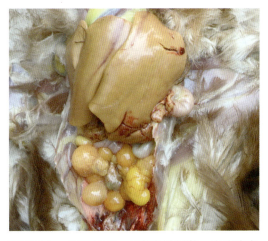

肝脏肿大、质脆易碎，呈黄色油腻状，有出血条带、卵黄变性、坏死等

第七节　肠毒综合征

一、概述

肠毒综合征是由球虫病、魏氏梭菌病、腺病毒感染、呼肠孤病毒感染、毒素等诸多因素引起的一类肠道炎症的总称。本书只做描述，不做定论。

二、流行病学

本病四季均可发病，夏秋两季多见，地面平养发病早，网上平养发病晚；密度过大、湿度过大、通风不良、卫生条件差的多发，症状也较严重；多发于20~30日龄的肉鸡和20~110日龄的蛋鸡。球虫病是发病的主要原因，大肠杆菌、沙门杆菌、魏氏梭菌等细菌感染及病毒感染、内外毒素存在（黄曲霉素，虫体细菌死亡、崩解等产生的毒素）及饲料中维生素、能量和蛋白质过高等因素均可诱发本病或加重病情。

三、临床症状

初期粪便稀薄、不成形，内含未消化完的饲料，2~3d后，采食量明显下降，增重缓慢或发育不良，消瘦，贫血；中期精神沉郁，闭目呆立；后期尖叫、兴奋、跳跃、瘫痪、昏迷等，终因脱水衰竭死亡。

四、病理变化

发病早期肠黏膜增厚，颜色变浅，呈灰白色，像一层厚厚的麸皮，极易剥离，有的肠腔内没有内容物，有的内容物为尚未消化的饲料。

发病中后期肠壁变薄，黏膜脱落，肠内容物呈蛋清样或黏脓样。

病情严重时，肠黏膜几乎完全脱落崩解，肠壁菲薄，肠内容物呈血色蛋清样或黏脓样、柿子样；肝脏、脾脏有细小的坏死灶散在。

五、防治

加强饲养管理，搞好卫生与消毒，消除发病因素等可降低发病率。发病后，按照多病因的治疗原则为思路，以增强机体免疫力为基础，治疗球虫病和肠道致病菌混合感染为前提，采用中西医治疗，标本兼治。

（1）采用抗微生物药与抗球虫药治疗（抗球虫药参考球虫病）。

（2）中药制剂辅助治疗。

【处方1】青蒿白头翁散

青蒿60g，白头翁15g，黄芩10g，地榆15g，山大黄20g，鸦胆子2g，墨旱莲15g，板蓝根25g，白芍15g，山楂15g，木香10g，白矾2g，雄黄1g，甘草5g。

【用法与用量】鸡球虫病，10g/kg饲料（以球虫感染为主）。

【处方2】驱球止痢散

常山960g，白头翁800g，仙鹤草800g，马齿苋800g，地锦草640g。

【用法与用量】混饲，禽2.0~2.5g/kg饲料（以球虫感染为主）。

【处方3】白马黄柏散

白头翁300g，马齿苋400g，黄柏300g。

【用法与用量】禽1.5~6g/只。

【处方4】清瘟止痢散

大青叶15g，板蓝根15g，紫草10g，拳参15g，绵马贯众15g，地黄10g，玄参10g，黄连10g，白头翁15g，木香10g，柴胡10g，甘草6g。

【用法与用量】拌料混饲，鸡5g/kg饲料。

【处方5】三味拳参散

拳参1 400g，穿心莲1 000g，苦参1 600g。

【用法与用量】混饲，禽5g/kg饲料。

【处方6】金叶清瘟散

金银花320g，大青叶320g，板蓝根240g，蒲公英160g，紫花地丁160g，柴胡240g，鹅不食草128g，连翘160g，甘草160g，天花粉120g，白芷120g，防风80g，赤芍48g，浙贝母112g，乳香16g，没药16g。

【用法与用量】混饲，禽5~10g/kg饲料。

【处方7】杨树花口服液

杨树花。

【用法与用量】混饮，禽1~2mL/L水（每毫升相当于原生药材1g）。

肠毒综合征病图

消瘦，精神沉郁，呆立

拉黄色稀粪

粪便表面有黏液，粪便中有未消化的颗粒状饲料

粪便中混有未消化的饲料及脱落的黏膜组织

粪便中混有脱落的黏膜，间或有血液

有的粪便呈黄褐色，有的呈肉红色

第八节 中 暑

一、概述

中暑是因烈日暴晒、环境温度过高或舍内通风不良，过分拥挤，饮水供应不足等多因素导致家禽中枢神经紊乱、心衰猝死的一种急性病，包括日射病和热射病。目前，养殖场降温设备先进，很少发病。

二、临床症状

本病肥胖的禽易发，刚死亡的禽胸腹腔内温度高，灼手。

热射病：突然发病，体温升高，呼吸急迫，张口喘气，两翅张开，晕眩，不站立，食欲减退或废绝，饮水增加或不饮水，昏迷，虚脱，惊厥而死。

日射病：体温高，烦躁不安，战栗，麻痹，痉挛，昏迷而死。

三、病理变化

全身静脉瘀血，血液凝固不良。
肌肉苍白、贫血，胸肌呈水煮样。
脑膜充血、出血、瘀血或水肿。
心冠脂肪点状出血，心包积液。
肺脏瘀血，水肿。
肝脏肿大，土黄色，有出血点。
腺胃变薄，乳头变小，严重时胃穿孔。
肠黏膜脱落，肠壁变薄，肠腔内积有大量气体引起肠管变粗，泄殖腔外翻、出血。
卵泡充血，输卵管内有成型蛋等。

四、防治

做好降暑工作是防治根本，及时更改饲喂时间，饲料中添加碳酸氢钠和维生素C，并供应充足的饮用水等。

（1）将病禽置于阴凉通风处或浸于冷水中片刻或凉水喷洒，以降低体温。个别严重禽采用藿香正气水灌服，每只5~10mL；大群采用抗热应激药治疗：碳酸氢钠按0.1%~0.2%比例混饮，维生素C按照每吨饲料添加200~400g；或口服补液盐（葡萄糖88g、氯化钠14g、氯化钾6g、碳酸氢钠10g，混饮，本品溶解于4 000mL水中，供鸡自由饮用），缓解热应激引起的电解质紊乱；复方氯化铵可溶性粉（氯化铵66.2g、氯化钾33.3g、维生素B_1 0.08g、维生素B_2 0.08g、维生素B_6 0.075g、维生素E 0.27g，饮水，每升水加本品2g）用于鸡抗热应激反应，减少热应激引起的死亡。

（2）中药制剂辅助治疗。

【处方1】香薷散

香薷30g，黄芩45g，黄连30g，甘草15g，柴胡25g，当归30g，连翘30g，栀子30g，天花粉30g。

【用法与用量】禽1~3g/只。

【处方2】清暑散

香薷30g，白扁豆30g，麦冬25g，薄荷30g，木通25g，猪牙皂20g，藿香30g，茵陈25g，菊花30g，石菖蒲25g，金银花60g，茯苓25g，甘草15g。

【用法与用量】禽1~3g/只。

【处方3】应激安散

刺五加80g，酸枣仁80g，远志60g，茯苓30g，麦芽30g，陈皮30g，甘草30g，金银花30g，延胡索15g，厚朴30g，木香20g，秦皮30g，黄连15g，黄芪80g，白头翁80g，炒神曲30g，龙胆50g，炒山楂30g，黄芩30g，党参50g，黄柏30g，苦参30g，艾叶30g，白术80g。

【用法与用量】拌料或水煎，鸡1~2g/kg体重，每天2次。

【处方4】解暑抗热散

滑石51g，甘草8.6g，碳酸氢钠40g，冰片0.4g。

【用法与用量】禽1~3g/只。混饲，鸡10g/kg饲料。

【处方5】清暑消食散

田基黄150g，铁线草150g，金钱草150g，葫芦茶30g，岗茶30g，布渣叶30g，地龙200g，崩大碗200g，海金沙200g，冰糖草200g，白省叶200g，地稔200g。

【用法与用量】以上为6 000只鸡生药用量。煎汁自饮或拌料饲喂。

【应用】用本方对6 000只雏鸡进行试验观察，育成鸡的成活率达91.5%。经40多万只鸡的临床应用，成活率均在93%以上，经济效益显著。

中暑症状图

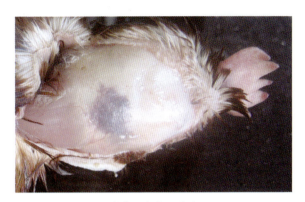

脑膜下充血、出血

龙骨下有血样渗出

肌肉发白,似半煮熟样

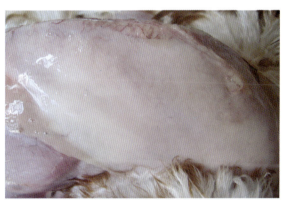

胸肌水煮样病变

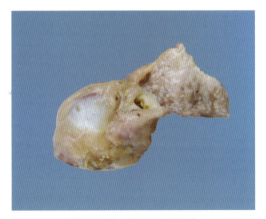

胃壁变薄,腺胃呈蜂窝状

腺胃胃壁变薄,胃底部出血

胃壁变薄，乳头消失

腺胃浆膜外出血，严重时腺胃穿孔

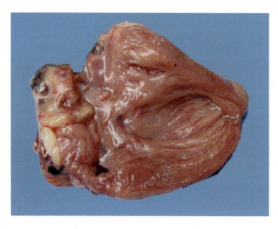
心肌出血

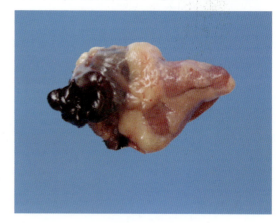
心冠脂肪出血

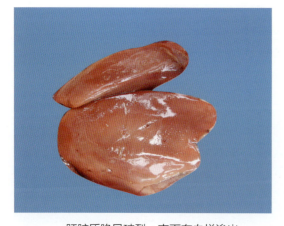
肝脏质脆易破裂，表面有血样渗出

肝脏表面呈凹陷型出血

第四章 普通病

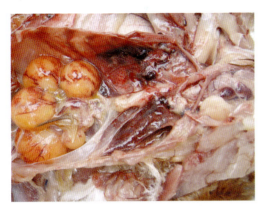

肺脏水肿、瘀血，卵泡充血

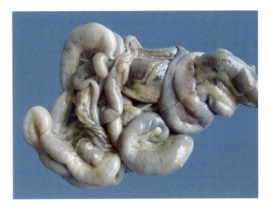

肠管胀气、发黑，肠壁变薄

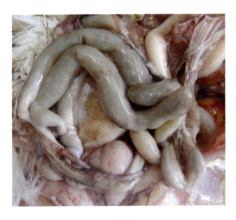

肠腔充气

肠黏膜脱落，十二指肠腺体肿胀

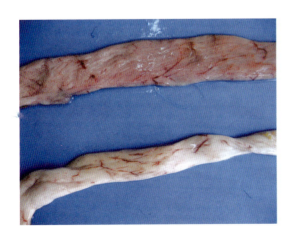

输卵管水肿

卵泡充血、出血，输卵管内有成型蛋

第九节 啄 癖

一、概述

啄癖是家禽之间相互啄食的一种疾病,以啄胃、啄冠、啄羽、啄肛、啄趾、啄头、啄蛋为特征,其中以啄羽、啄肛最为常见,多因营养失调、饲养环境条件恶劣、饲养管理不当、疾病等因素诱发本病。

任何日龄的禽均可发生,雏鸡发病率最高,其次是产蛋禽,轻型品种的鸡比重型品种的鸡更易发生;野禽比家禽的发病率高。

啄癖危害较大,影响生长发育,生产性能下降,造成死亡等。

二、诊断要点

本病以躯体羽毛脱落,肛门外翻,流血或直肠脱落、出血、溃疡,嗉囊有大量的羽毛、杂物等为特征。

啄羽癖:啄羽、啄尾,可自啄、被啄、互啄。

啄肉癖:啄肉、啄冠、啄头、啄背、啄趾。

啄肛癖:啄肛门、啄脱出肠。

啄蛋癖:啄蛋。

啄食癖:啄食杂物等。

三、防治要点

断喙或修喙是目前控制啄癖发生的最有效的措施,平时加强饲养管理,改善饲养条件,及时通风,温度、湿度要适宜,密度适中,光照不宜过强,饲喂全价营养的饲料,补充各种维生素、矿物质及微量元素,限饲适当,定时喂水给料。

发现啄癖立即隔离饲养,饲料中添加微量元素、鱼肝油、适量的食盐,并使用一些中药制剂治疗。

【处方1】茯苓250g,防风250g,远志250g,郁金250g,酸枣仁250g,柏子仁250g,夜交藤250g,党参200g,栀子200g,黄柏500g,黄芩200g,麻黄150g,甘草150g,臭芜荑500g,炒神曲500g,炒麦芽500g,石膏500g(另包),秦艽200g。

【用法与用量】上方药量为1 000只成年鸡5d用量,每天1次,开水冲调,闷30min,一次拌料;小鸡酌减。

【应用】用本方治疗鸡啄癖,治愈率90%,同时应用鱼肝油配合治疗,效果更佳。

【处方2】茯苓8g,远志10g,柏子仁10g,甘草6g,五味子6g,浙贝母6g,钩藤8g。

【用法与用量】水煎浓汁,供10只鸡1次内服,每天3次。

【应用】用本方治疗鸡啄癖,效果良好。还可以使用以下方:①牡蛎90g,每千克体重每天3g,拌料内服;②远志200g,五味子100g,共研细末,混于10kg饲料中,供100只鸡1d喂服;③羽毛粉,按3%的比例拌料饲喂。

【处方3】生石膏粉,苍术粉。

【用法与用量】在饲料中添加3%~5%生石膏粉及2%~3%的苍术粉饲喂。

【应用】本法适用于鸡啄食羽毛癖。应用本方同时注意清除嗉囊内羽毛,可用灌油、钩取或嗉囊切开术。

【处方4】石膏。

【用法与用量】每只鸡每天在饲料中添加1~2g。

【应用】用于食羽癖效果显著,还可提高产蛋量。

【处方5】食盐。

【用法与用量】在饲料中加入1%~2%的食盐,连喂3~4d。

【应用】用于缺少食盐引起的啄肛、啄趾、啄翅膀恶癖。也可用以下两法治疗鸡啄蛋癖:①蛋壳炒后让鸡啄食;②鲜蚯蚓洗净,煮3~5min,拌入饲料饲喂,每只蛋鸡每天喂50g左右,既能防治啄蛋癖,又可增加蛋白质,提高产蛋量。

啄癖症状图

翅膀、背部及尾根部等被啄出血

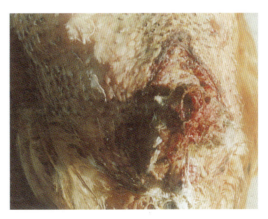

病鸡背部羽毛被啄光,尾椎被严重啄损

第十节　产蛋异常综合征

产蛋异常综合征指的是蛋鸡无产蛋高峰、产蛋率徘徊不前及产蛋量下降的总称。

一、病因

1. 无产蛋高峰的原因

育雏时期患过某种疾病，如传染性支气管炎（尤其是1日龄感染生殖型传染性支气管炎）、禽流感等病造成生殖系统受到严重的破坏，或生殖系统发育不良。

青年鸡发育不良，平均体重与胫骨长不达标，尤其体重达标而胫骨长不达标或常饲养不经改良的同一品种，致使生产性能下降。

营养水平偏低不能满足高产时鸡对营养的需求，致使生殖功能低下，易歇产。

2. 产蛋率徘徊不前的原因

饲养管理不善如鸡舍污染严重，环境太差，光照不合理如时间过短、光照过弱，或光照时间不稳定，以及新城疫、大肠杆菌病、新母鸡病等隐性感染致使产蛋率徘徊不前。

饲料营养偏低，不能满足高产的需求，或者蛋鸡开产之后未能及时而足量地补充钙源和蛋白质，致使产蛋增长缓慢。

3. 产蛋量下降的原因

新城疫、禽流感等病毒病隐形感染或大肠杆菌病等细菌病的存在，或菌毒混合感染等引起生殖系统炎症造成产蛋量下降，白壳蛋、薄壳蛋、砂壳蛋、血斑蛋或粪斑蛋等增加。

应激因素如药物（使用对产蛋有影响的药物，用药时断水时间及断料时间过长等）、饲料（饲料质量不稳定或更换饲料造成的换料应激等）、防疫（如疫苗反应）、惊吓、天气突变、异常噪声、外物入侵、光照不稳定等状态下均可诱发产蛋下降。

二、诊断要点

产蛋高峰期无产蛋高峰，产蛋率为80%左右，或者比预产期的产蛋率低10%~15%，或开产比正常时间推迟10~20d，或产蛋高峰维持时间短，只有10~15d，突然下降至90%以下，但鸡群采食、精神均正常。

产蛋快速增长期（开产之后或疾病之后），产蛋率上升缓慢，甚至徘徊不前，或者忽高忽低呈反复状。

产蛋率缓慢下降，下降幅度不大，蛋质变差，白壳蛋、薄壳蛋、砂壳蛋或血斑蛋等增加，采食量、精神正常。

三、防治

1. 预防

采取综合防治措施如饲喂优质饲料，搞好环境卫生，定期进行消毒，并做好常规疫苗的免疫接种，定期添加多种维生素电解质，防止各种应激等。发病后，针对病因、病症治疗，消除输卵管炎症，促进受损伤生殖系统功能恢复正常。

2. 治疗方案

（1）抗微生物药饮水或拌料治疗时，配合鱼肝油拌料或复方维生素纳米乳饮水等。

（2）中药辅助治疗。

【处方1】益母增蛋散

黄芪60g，熟地黄60g，当归80g，淫羊藿150g，女贞子150g，益母草150g，板蓝根80g，丹参50g，紫花地丁50g，山楂80g，地榆50g，甘草40g。

【主治】鸡输卵管炎及其引起的产蛋功能低下。

【用法与用量】混饲，鸡5~10g/kg饲料。

【处方2】激蛋散

虎杖100g，丹参80g，菟丝子60g，当归60g，川芎60g，牡蛎60g，地榆50g，肉苁蓉60g，丁香20g，白芍50g。

【主治】输卵管炎，产蛋功能低下。

【用法及用量】混饲，鸡10g/kg饲料。

【处方3】加味激蛋散

松针300g，玄明粉300g，麦芽200g，虎杖33.4g，丹参26.6g，菟丝子20g，当归20g，川芎20g，牡蛎20g，地榆16.7g，肉苁蓉20g，丁香6.6g，白芍26.7g。

【主治】产蛋功能低下。

【用法及用量】混饲，鸡25g/kg饲料，连用5d。

【处方4】降脂激蛋散

刺五加50g，仙茅50g，何首乌50g，当归50g，艾叶50g，党参80g，白术80g，山楂40g，六神曲40g，麦芽40g，松针粉200g。

【主治】产蛋功能下降。

【用法及用量】混饲，鸡5~10g/kg饲料。

【处方5】板蓝根当归散

板蓝根60g，当归60g，苍术40g，黄连60g，金银花100g，六神曲70g，麦芽90g，诃子 20g。

【主治】清热解毒,湿热内蕴,胞宫所致的鸡产蛋功能下降。

【用法及用量】混饲,鸡 20g/kg 饲料,连用 7d。

【处方6】九味黄芪颗粒

黄芪 225g,续断 150g,白术 150g,杜仲 225g,白芍 90g,补骨脂 150g,山药 300g,大枣 150g,砂仁 75g。

【主治】肾亏阴虚引起的产蛋下降。

【用法及用量】混饮,鸡 0.5g/L 水,连用 3~5d。

【处方7】五味贞芪散

女贞子 100g,淫羊藿 100g,松针 650g,五味子 100g,黄芪 50g。

【主治】产蛋鸡热引起的产蛋率下降。

【用法及用量】混饲,鸡 5g/kg 饲料,连用 5~7d。

【处方8】蛋鸡宝

党参 100g,黄芪 200g,茯苓 100g,白术 100g,麦芽 100g,山楂 100g,六神曲 100g,菟丝子 100g,蛇床子 100g,淫羊藿 100g。

【主治】益气健脾,补肾助阳。用于提高产蛋率,延长产蛋高峰期。

【用法与用量】禽 1~3g。混饲,20g/kg 饲料。

产蛋异常综合征病图

蛋壳颜色变浅,薄壳蛋、砂壳蛋增多,下面为正常鸡蛋

薄壳蛋、破壳蛋、焦壳蛋、砂壳蛋等增多

第十一节 新母鸡病

一、概述

新母鸡病是近几年来我国蛋鸡生产中最为突出的条件病之一,给养鸡业带来很大损失。刚开产的鸡群当产蛋率超过 20% 时陆续暴发,凌晨 1~2 点为死亡高峰。

二、病因

目前关于本病的病因很多,公认病因如下:
(1)滤过性病毒病(如冠状病毒病)引起的。
(2)输卵管炎或肾炎的存在或大肠杆菌病的继发。
(3)应激因素包括生理性应激和环境性应激。如当夏季室内外温差太小或通风不良时造成血氧含量过低,热应激造成体温升高,呼吸加快造成大量二氧化碳流失,加上饮水不足,导致体内 pH 值上升,碱性偏高中毒等。
(4)日粮中钙、磷缺乏或比例失调,饲料配方不合理等。

三、临床症状

产蛋母鸡(150 日龄左右)突然发病、死亡,初期发病率高,此后病鸡零星死亡,病程可达数周。

瘫痪不起,肛门处常有一成型蛋,挤出后可好转,或在夜间突然死亡。

精神沉郁,拉白色或水样稀便、恶臭或蛋清样粪便,肛门附近羽毛被沾污。

脱水,皮肤干燥,眼睛下陷,产蛋率上升缓慢或停止不前。

四、病理变化

皮肤脱水、干燥,鸡冠、肉髯及面部呈紫色;肌肉瘀血或苍白。

嗉囊扩张,内含大量刚食入的食物。

腺胃变薄、变软,溃疡或穿孔,腺胃乳头流出红褐色液体,黏膜有血水样脓液渗出物,肌胃内含有发酵饲料。

胸腔壁出血、潮红；肾脏肿大，有白色尿酸盐沉积；肝脏瘀血或有灰白色坏死灶散在，胰腺变性、坏死，或呈黄白相间状。

卡他性肠炎，肠道内有黏液栓塞物。

输卵管水肿，卵泡充血、出血，子宫部常有一硬壳成型蛋，多发生卵黄性腹膜炎。

五、防治

参考蛋鸡产蛋异常综合征（因中暑引起的新母鸡病病理图片参考中暑）。

第十二节　蛋鸡笼养疲劳综合征

蛋鸡笼养疲劳综合征又名笼养软脚症，笼养产蛋鸡多发，以腿软、瘫痪为特征。

一、病因

笼养密度过大，腿脚疲倦，产蛋期间矿物质和维生素添加量不足或比例不当，致使蛋鸡的甲状旁腺激素分泌增加，促使骨骼中钙盐溶解吸收供鸡体需要，导致钙的不足等引起本病的发生。

二、诊断要点

产蛋期多发，肥胖鸡高发，发病率可达15%~20%，零星死亡。

病鸡行走不便，站立困难，常卧伏。

喙、爪变软易弯曲。

产蛋率下降，软壳蛋和破壳蛋增多。

皮下瘀血，翅骨和腿骨易折裂，胸肌萎缩，胸骨凹陷呈"S"形弯曲。

终因采食困难、消瘦而死。

三、防治

1. 预防

加强饲养管理，搞好环境卫生，保持适宜的饲养密度与温湿度、合理的光照、良好的通风，饲喂营养均衡的饲料，适时上笼并选择合适的笼舍等措施可降低发病率。

2. 治疗方案

及时查找病因，对症对因治疗。夜间加强光照，给以充足饮水，降低血液黏稠度，饮水中加多种电解质维生素或复方维生素纳米乳，饲料中补充骨粉或鱼肝油，钙、磷达到最高需要量或超出标准等措施可减少死亡。

第十三节　顽固性腹泻

顽固性腹泻一般不具传染性，局部地区流行，蛋鸡发生在开产之后或产蛋高峰期，肉鸡也常见。

一、临床症状

粪便稀薄如水，混有白色黏液，粪便颜色呈多样性，肛门附近羽毛被粪便污染。

病鸡精神不振，翅膀下垂，鸡冠发白，机体消瘦，生长不良。

蛋鸡产蛋率低或徘徊不前，蛋壳颜色发白等。

二、病理变化

机体消瘦；肠黏膜充血、出血、脱落，严重时呈急性出血性肠炎，略肿胀；盲肠扁桃体出血。

输卵管水肿、充血、出血，卵黄破裂掉入腹腔后形成卵黄性腹膜炎。

三、治疗方案

治疗以补肾固本、健脾和胃、涩肠燥湿、调理中气为原则，并及时调整饲料，消除病因。因本病容易反复发作，因此治疗时采取中西医结合方案。

第一，抗微生物饮水或拌料，饮水中添加口服补液盐（葡萄糖88g、氯化钠14g、氯化钾6g、碳酸氢钠10g，溶解于4 000mL水中，供鸡自由饮用），饲料中添加微生态制剂或葡萄糖氧化酶或低聚木糖及多种维生素电解质等。

第二，中药辅助治疗。

【处方1】白龙散

白头翁600g，龙胆300g，黄连100g。

【功效】清热燥湿，凉血止痢。

【主治】湿热泻痢，热毒血痢。

【用法与用量】禽1~3g/只。

【处方2】白头翁散

白头翁60g，黄连30g，黄柏45g，秦皮60g。

【功效】清热解毒，凉血止痢。

【主治】湿热泻痢，下痢脓血。

【用法与用量】禽 2~3g/只。

【处方3】泻必康散

白头翁 40g，黄连 10g，黄柏 20g，秦皮 20g，厚朴 10g，山药 40g，诃子 20g，山楂（炭）60g，马齿苋 40g，地锦草 40g，辣蓼 20g，穿心莲 40g，金樱子 40g，石榴皮 20g，地榆 60g，苍术 20g，赤石脂 40g。

【功效与主治】清热解毒，和胃止泻，主治鸡腹泻症等。

【用法与用量】拌料混饲，鸡每天 1.5g，连用 5d。

【处方4】化湿止泻散

茯苓 150g，薏苡仁 150g，泽泻 60g，车前子 150g，藿香 100g，苍术（炒）150g，葛根 100g，炒扁豆 150g，黄柏 100g，穿心莲 150g，石榴皮 50g，赤石脂 150g，山楂 90g，麦芽 100g，木香 100g。

【功效】健脾化湿，清热解毒，涩肠止泻。

【主治】腹泻，特别适合各种原因引起的水样腹泻、粪便稀薄等症状。

【用法与用量】拌料，鸡 1g/只，直至痊愈。

【处方5】杨树花口服液

杨树花。

【用法与用量】混饮，禽 1~2mL/L 水（每毫升相当于原生药材 1g）。

【处方6】三黄汤

黄连 4g，黄柏 4g，大黄 2g。

【用法与用量】煎汁，供 100 只 1 月龄肉鸡 1d 饮水，每天 1 剂，连用 3d。

【功效】清热燥湿，泻火解毒。

【应用】用本方治疗鸡腹泻平均治愈率为 99.5%。1~2 月龄鸡，用黄连 6g、黄柏 6g、大黄 3g；2~3 月龄鸡，用黄连 8g、黄柏 8g、大黄 4g；3 月龄以上鸡，用黄连 10g、黄柏 10g、大黄 5g。

【处方7】健脾止痢散

党参 60g，黄芪 60g，白术 500g，炒地榆 500g，黄芩 500g，黄柏 500g，白头翁 500g，苦参 500g，秦皮 50g，焦山楂 500g。

【用法与用量】粉碎混匀，按每只每天 1.5g 拌料饲喂。

【功效】补气健脾，燥湿止痢。

【应用】本方适用于治疗稀粪带有绿水，或白痢，或血便，或粪便混有肠黏膜的肉鸡腹泻。用本方治疗经喹乙醇、痢特灵、敌菌净、庆大霉素治疗 10d 效果不明显的肉鸡腹泻，治疗 3d 后痊愈率达 97%。

【处方8】止痢灵

苍术2份，厚朴、白术、干姜、肉桂、柴胡、白芍、龙胆草、黄芩各1份。

【用法与用量】制成粗粉，加入适量木炭末混匀。按成年鸡每次5g，小鸡每次2~3g，拌入饲料中喂服，每天2次。

【功效】健脾燥湿，涩肠止泻。

【应用】用本方治疗鸡各种腹泻，一般4~6剂，重者连服4d即愈，治愈率为91.2%。

【处方9】泻痢灵

黄连30g，葛根30g，黄芩15g，白头翁20g，藿香10g，木香10g，厚朴20g，茯苓20g，炒白芍20g，炒山药30g，炒三仙30g。

【用法与用量】粉碎混匀。按30日龄内雏鸡每只每天0.5g，30~60日龄1g，60日龄以上1.5g，加沸水浸泡30~60min，上清液饮水，药渣拌料喂服。每天上午用药，连用3~5d。

【功效】清热解毒，燥湿止泻。

【应用】用本方治疗病鸡18万只，治愈率88%，有效率98%。本方适合于消化不良、过量使用抗生素引起的腹泻，以及鸡白痢等。

【处方10】苍术50g，厚朴25g，白术25g，干姜25g，肉桂25g，柴胡25g，白芍25g，龙胆草25g，黄芩25g，十大功劳25g，木炭100g。

【用法与用量】共研细末，按小鸡1~3g、成年鸡3~5g混料内服，每天2次。病重不吃食的鸡灌服。预防量减半，间断喂服。

【功效】健脾燥湿，温中止泻。

【应用】用本方治疗曾用痢菌净、土霉素、诺氟沙星效果不明显的病鸡，轻者1~3d腹泻停止，再服1d痊愈；重者服药5~7次后腹泻停止，连服4d治愈，治愈率为87%。

顽固性腹泻病图

精神不振，翅膀下垂

拉白色水样粪便，间或有棕褐色粪便

第四章 普通病

粪便不成形，呈黄白色

粪便呈肉红色，间或有乳白色

黄褐色或白色的稀粪

粪便乳白色，混有肉色或黄绿色粪便，呈黏稠状

粪便乳白色如牛奶状

第十四节 肉鸡低血糖症

一、概述

该病是在2003年年初被发现的,全国各地都有发生,后定名为肉鸡低血糖症(尖峰死亡综合征),临床以头部震荡、运动失调、昏迷等为特征。

本病目前多发生于秋冬季节,一般在6~8日龄开始发病,死亡高峰集中在7~10日龄,蛋鸡、肉鸡均可发病,以肉仔鸡为主,呈现尖峰式死亡。

二、临床症状

死亡高峰集中在发病后的2~5d,此后死亡率明显降低。

鸡冠发绀或呈青紫色,拉米汤样稀便,采食量和饮水量急剧下降,头颈震颤、尖叫、软瘫、软弱无力,昏迷而死。

三、病理变化

腺胃、肌胃交界处发黑或坏死,偶有溃疡或出血,严重时腺胃、肌胃质软,变薄,腺胃肿大。

法氏囊肿大、出血、萎缩。

肠道弥漫性出血,呈浆红色。

肾脏萎缩等。

四、防治

目前关于本病没有特异性治疗方法,只是采取减少应激及加强糖原分解等辅助手段。采用限制光照和夜间间断给光、补充葡萄糖及多种电解质维生素的方法进行防治。

肉鸡低血糖病图

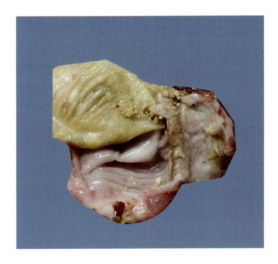

腺胃乳头水肿，腺胃、肌胃交界处呈灰色坏死，角质层易脱落

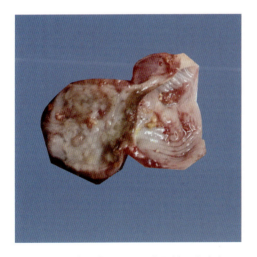

腺胃乳头水肿，腺胃、肌胃交界处呈灰色坏死

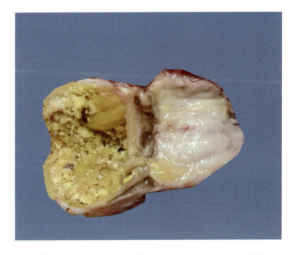

腺胃乳头出血或溃疡，腺胃、肌胃交界处呈灰色坏死

第十五节 肉鸡（或蛋雏鸡）生长迟缓综合征

一、病因

多种因素均可引起本病的发生，如营养偏低、疾病（隐性新城疫、慢性呼吸道病、大肠杆菌病、球虫病或慢性肾炎等）、各种原因造成的腹泻或因消化不良引起的料粪、鸡只脱水、高温、饲养管理不善及品种原因等。

二、诊断要点

病鸡精神委顿，冠髯皱缩，羽毛松乱、无光泽，腹泻或者厌食，喜饮水，发育不良，生长迟缓，料肉比过高；蛋鸡无产蛋高峰或产蛋率低下等症。

三、防治

1. 预防

采取改善饲养管理，搞好卫生，加强通风，制定合理的光照和饲喂制度，饲喂优质饲料等措施可降低发病率。

2. 治疗方案

第一，抗微生物药饮水或拌料，配合复方维生素纳米乳口服液或优质鱼肝油及微生态制剂或低聚木糖、葡萄糖氧化酶等治疗。

第二，中药制剂辅助治疗。

【处方1】健鸡散

党参20g，黄芪20g，茯苓20g，六神曲10g，麦芽10g，山楂（炒）10g，甘草5g，槟榔（炒）5g。

【功效】益气健脾，消食开胃。

【主治】食欲不振，生长迟缓。

【用法与用量】混饲，鸡20g/kg饲料。

【处方2】姜粉24g，肉桂50g，肥草9g，硫酸亚铁9g，八角茴香8g。

【用法与用量】共研细末，每只鸡每次喂服0.5~1g，每天1次。

【功效】健脾开胃。

【应用】本方可有效提高肉鸡增重率,冬季使用更适宜。

【处方3】干辣椒12g,姜粉23g,五加皮23g,八角茴香7g,硫酸亚铁12g。

【用法与用量】共研细末,每只鸡每次喂服0.5~1g,每2d 1次。

【功效】健脾开胃。

【应用】本方可有效提高肉鸡增重率,夏天使用更适宜。

【处方4】苍术干粉。

【用法与用量】按2%~5%比例和适量钙剂拌入料中饲喂。

【功效】燥湿健脾。

【应用】本方能增重和提高产蛋量。

第十六节　鸡肿头综合征

一、概述

鸡肿头综合征是以头部肿胀及呼吸道症状为特征的一种急性传染病，4~7周龄的商品肉鸡和育成鸡常发病，也见于成年蛋鸡，传播迅速，2日内可波及全场各群，发病率一般为10%~50%，病死率为1%~20%，病程为10~14d。

二、病因

本病的病因尚未完全清楚，现在一般认为鸡首先感染禽肺病毒，引起鼻炎和皮肤搔伤，造成大肠杆菌感染，侵入面部皮下组织，引起肿头症状。

1. 环境因素

潮湿、污浊的饲养环境加上通风不良等因素造成舍内有害细菌大量繁殖和有害气体含量严重超标，诱发肿头综合征。

2. 疾病因素

禽肺病毒病、大肠杆菌病、慢性呼吸道病、传染性鼻炎、禽痘、流感等造成鸡群不同程度的肿头肿脸，且呈现传播之势。

3. 疫苗因素

传染性喉气管炎疫苗、传染性支气管炎疫苗、新城疫疫苗等滴鼻、点眼后，引起眼睑肿胀乃至整个头部肿大，特别是喉气管炎疫苗免疫后的肿头肿脸长时间难以消除，药物或灭活疫苗颈部皮下注射后造成脖颈部发炎肿胀，炎症波及面部及整个头部。

4. 营养因素

饲料营养不平衡，如维生素A缺乏引起的眼部或面部肿胀。

三、临床症状

咳嗽、喘鸣，眼鼻流出分泌物，结膜炎，鼻窦和眶下窦及面部肿胀。
产蛋鸡精神沉郁，产蛋量下降，斜颈、定向障碍等；部分病鸡在48h内脸部明显水肿。

四、病理变化

头部周围皮下组织充满胶冻状渗出物或化脓；严重时肉髯发绀和肿胀，结膜炎，角膜溃疡。

蛋鸡为急性卵黄性腹膜炎，腹腔内有脱落的卵黄和蛋壳碎片等。

五、防治

1. 预防

改善鸡舍卫生条件，降低饲养密度，合理通风与换气，减少空气中的氨气浓度，做好常规疫苗的接种等是预防本病的重要措施。

2. 治疗方案

发病后选用敏感抗微生物药饮水或拌料，配合多种维生素电解质或复方维生素纳米乳饮水，饲料中添加清热解毒、活血化瘀、止咳平喘的中药制剂辅助治疗。

【处方1】普济消毒散

大黄30g，黄芩25g，黄连20g，甘草15g，马勃20g，薄荷25g，玄参25g，牛蒡子45g，升麻25g，柴胡25g，桔梗25g，陈皮20g，连翘30g，荆芥25g，板蓝根30g，青黛25g，滑石80g。

【用法与用量】禽1~3g/只。

【处方2】黄连、玄参、陈皮、桔梗各1 000g，黄芪、板蓝根、连翘各2 000g，马勃、牛蒡子、薄荷、僵蚕、升麻、柴胡、甘草各500g。

【用法与用量】分3份，每天1份，水煎取汁，早晚各服1次，供3 000只鸡使用。3d后痊愈，未复发。

肿头肿脸，闭目嗜睡

第十七节　多病因呼吸道病

一、概述

多病因呼吸道病是一种病程漫长、病因复杂的呼吸道疾病的统称。因该病的病因多样，发病过程复杂而漫长，治疗效果不佳，终因治愈率低而给养鸡业带来很大的损失。

二、病因

1. 呼吸道病之间的相互作用

一种或几种病毒性呼吸道病继发（或并发）了一种或几种细菌性呼吸道疾病，且每种呼吸道病的症状互相协同或增加等引起多病因呼吸道病，病情比单一疾病感染更为严重。如慢性呼吸道病与新城疫、传染性支气管炎，或慢性呼吸道病与传染性鼻炎、禽流感，或疫苗病毒感染与慢性呼吸道病、大肠杆菌病等。

2. 免疫抑制性病原体的影响

免疫抑制性病原体如传染性法氏囊病病毒、马立克病病毒、鸡传染性贫血病毒等使鸡对呼吸道感染的易感性增加。

3. 药物治疗时使用不正确

用药对症不对因；或用药偏多，顾此失彼；或所用药物对该呼吸道病无根本性治疗作用；或用药疗程不够，如用药后见好就收，未能彻底治愈病情，从而造成本病反复发作。

4. 环境因素的影响

饲养环境恶劣，如鸡舍封闭过严、舍内通风不良，氨气、二氧化碳、二氧化硫等有害气体浓度过大，或舍内高温高湿，或舍内干燥、尘埃等较多因素存在时均会刺激气管黏膜，造成黏膜发炎而引起发病。

5. 疫苗反应

一些疫苗在接种过程中，导致气管黏膜受损，加上鸡舍温度高、湿度大或过于干燥等情况下易诱发呼吸道病。

三、流行病学

本病四季均可发生，秋冬季节多发，商品肉鸡高发，发病过程一般分三个阶段。

第一阶段：环境卫生差，如鸡舍消毒不彻底、空棚时间短等原因而导致鸡舍内存在着支原体、大肠杆菌、病毒等病原体，在外部应激（如疫苗接种，天气突变等）因素存在时最先诱发慢性呼吸道病。

第二阶段：第一阶段的慢性呼吸道病治疗不及时或不重视治疗，随着日龄增长，饲养环境相对较差，并发大肠杆菌病或支原体病，造成病情加重，死亡增加。

第三阶段：随着鸡日龄的增长，饲养环境也越来越恶劣、饲养管理难度增加、环境中各种病毒野毒株的大量存在和繁殖、免疫抑制病的发生、免疫效果不佳导致的非典型病毒病的发生等情况形成慢性呼吸道病、大肠杆菌病、新城疫（或传染性支气管炎、禽流感等病毒病）等混合感染的呼吸道综合征。

实际发病时，发病的过程可能三个阶段不会分得很明显，有可能直接发生第二阶段或第三阶段，这就要求在诊断时根据实际发病情况具体分析，做出正确的判断，合理用药。

四、临床症状

采食量下降，精神委顿，肿头、流泪、呼噜、咳嗽或甩头，用药后呼吸道症状减轻但不能完全消除，呈表面康复，呼吸道症状易反复发作。

蛋鸡产蛋率下降幅度不大，蛋壳颜色发白，薄壳蛋、砂壳蛋增加等。

五、病理变化

气管、支气管充血、出血，内有黏液或黄白色干酪样物，干酪样物堵塞喉头等。

气囊混浊、增厚，心包炎、肝周炎、气囊炎。

肠道多处出血，盲肠扁桃体肿胀、出血；肝、脾肿大等。

六、防治

加强饲养管理，搞好环境卫生，严格对舍内外消毒，温湿度与饲养密度适宜，适时通风换气，做好常规疫苗的接种，消除各种发病因素。治疗时参考大肠杆菌病、慢性呼吸道病、新城疫、传染性支气管炎及传染性喉气管炎等呼吸道病的方案。

多病因呼吸道病图

大肠杆菌病、慢性呼吸道病与鸡痘混合感染引起的呼吸困难，肿脸，失明

慢性呼吸道病与大肠杆菌病混合感染引起的呼吸困难，肿脸，失明

鸡毒支原体与大肠杆菌混合感染引起心包炎

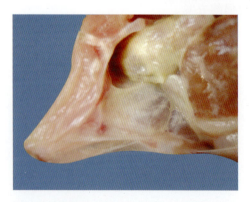

慢性呼吸道病与大肠杆菌病混合感染引起气囊增厚、混浊等

病情严重时，气囊坏死呈黄色

第十八节 鸡肌胃糜烂病

一、概述

鸡肌胃糜烂病是由多种致病因素引起鸡的肌胃类角质膜糜烂、溃疡的一种消化道疾病，是一种与哺乳动物和人的胃肠溃疡出血相类似的非传染性疾病。本病主要发生于肉鸡，其次为蛋鸡和鸭，发病年龄多数在 2~2.5 月龄。

本病以食欲减少，精神倦怠，呕吐黑色物，贫血、消瘦及肌胃角质膜糜烂、溃疡为特征，因而又曾称为"黑色呕吐病"。

二、诊断要点

倒提病鸡时，口内流出黑褐色黏液。

厌食，精神不振，羽毛松乱，闭眼缩颈，蹲伏。

严重感染时腹泻，拉出黑色混有血液的稀粪。

胃体积增大，胃壁变薄，松软，肌胃内容物为黑褐色，肌胃的皱襞深部有局部性糜烂。病程长时整个肌胃角质膜弥漫性糜烂、溃疡，溃疡深达肌层深部，导致胃壁穿孔。

三、防治

1. 预防

控制日粮中鱼粉含量在 8% 以内，禁止添加含肌胃糜烂素高的鱼粉及霉变的饲料原料，平时加强饲养管理，搞好环境卫生，饲养密度适中，合理通风，避免热应激，消除应激因素等措施可降低发病率。

2. 治疗方案

饮水：碳酸氢钠按照 0.2%~0.4% 比例添加，早晚各 1 次，连用 2d。

拌料：白及 5kg、甘草 5kg、白头翁 5kg、血见愁 5kg，粉碎后连同 500g 甲氰咪胍加入 1 000kg 饲料中，混合均匀后使用，连用 3d 后，再将上述中药继续饲喂 5~7d。

肌内注射：严重时，每只病鸡肌内注射维生素 K_3 0.5~1mg 或酚磺乙胺 50~100mg，按每千克体重注射青霉素 5 万 IU。

鸡肌胃糜烂图

腺胃、肌胃松软，腺胃变薄，乳头消失，腺胃与肌胃交界处有溃疡灶，角质层易脱落

腺胃变薄，乳头出血，肌胃角质层溃疡

肌胃角质层糜烂、溃疡

肌胃内容物呈黑色或深褐色

第十九节 阴茎脱垂

一、概述

阴茎脱垂（俗称"掉鞭"）是鸭鹅常见的生殖器官疾病。本病以阴茎外伤、脱垂、炎症或溃疡，不能回缩泄殖腔为特征，因此不能留作种用而淘汰，进而导致公、母鸭比例失调，严重影响经济效益。

二、病因

交配后阴茎在外面被其他雄性咬伤或与地面摩擦受损，或阴茎粘上较多的河沙、垫草、粪尿等污物，或在水中被蚂蟥、鱼类咬伤，或公、母比例不当而交配过频受损，感染细菌后导致此病发生。

三、诊断要点

精神委顿，不愿运动与采食，阴茎脱垂不能回收，脱垂的阴茎长8~10cm，呈潮红或紫红色，阴茎被脏物污染后发炎、肿胀、溃疡。

少数病鸭鹅匍伏地面，体温升高达43℃以上，不吃不喝，2~3 d后死亡。

阴茎基部有3~6cm的黏膜发炎、肿胀、瘀血或出血、溃疡，阴茎萎缩，有的粘有灰白色糠皮状干酪样物。

四、防治

1. 预防

搞好环境卫生，及时清洗戏水池，勤换清洁水，注意垫草清洁等。

公、母比例要合理，一般为1∶(6~8)。

开产前做好大肠杆菌病、传染性浆膜炎等病的预防。

2. 治疗方案

发炎部位若出现溃疡、坏死时，无治疗价值，直接淘汰。

病初阴茎不能回收时，隔离治疗，用0.1%高锰酸钾水冲洗阴茎，涂上凡士林、红霉素软膏、磺胺软膏，并将阴茎推纳整复。

辅助药物治疗：青霉素、链霉素各2万~4万IU/只，肌内注射，每天2次，连续注射

3d，注射后第2天，每1 000kg饲料加入氟苯尼考200~400g；多西环素100~200g，混饲，连喂4~5d；配合阿莫西林饮水，连用4~5d。

阴茎已发炎、体温升高的病例，除采用以上方法外，单独笼养，每天用38℃高锰酸钾水清洗阴茎1次，人工辅助阴茎回收的同时，口服活血祛瘀、消肿止痛的中药煎液：桃仁、红花、乳香、牛膝、续断、杜仲各10g，供10~15只鸭鹅用，连用4~5d。

第二十节 皮下气肿

一、概述

皮下气肿俗称"气囊或气脖子",是由于大量空气窜入颈部或胸腹部皮下所引起的臌气,以精神沉郁,呆立,呼吸困难,臌气为特征。

二、病因

因尖锐异物或寄生虫破坏气囊,致使颈部气囊或锁骨气囊及腹部气囊破裂,或鸟喙骨和胸骨等有气腔的骨骼发生骨折,致使气体聚于皮下而发病,呼吸道的先天性缺陷可使气体逸于皮下。

三、诊断要点

病鸭鹅精神沉郁,呆立,气喘,咳嗽,呼吸困难,食欲减退或废绝,颈部羽毛逆立,臌气扩散至胸背、腹部及至两腿部,致使胸腹围增大,全身皮肤紧张,似半透明圆筒状,叩诊呈浊鼓音,终因采食困难,衰竭而死。

寄生虫感染引起的气肿:呼吸窒息而死,肺部有少量新旧出血性孔道,气管壁、副鼻窦或肺部有数量不等的虫体。

物理损伤性气肿:尸体消瘦,全身臌气,剪破皮下有气体逸出,内脏器官无明显变化。

四、防治

加强饲养管理,降低饲养密度以防造成挤堆,挤压等,避免摔伤,捕捉或提拿时动作温柔以免损伤气囊,并定期做好舟形嗜气管吸虫的预防。

发病后,隔离饲养。

寄生虫病引起的气肿:碘液 1mL/只,注入气管,连用 5d。

膨胀部位用灭菌针尖刺破,或用烧红的铁条烙口,缓解症状,逐渐痊愈,但因气体不断产生,因此必须不断重复。若有创口或细菌感染时采取抗生素治疗。

鸭的皮下气肿病图

精神沉郁

气喘，咳嗽，呼吸困难

臌气可延至胸背、腹部及两腿部，致使胸腹围增大，全身皮肤紧张，似半透明圆筒状

全身皮肤紧张，似半透明的筒状

第二十一节 鸭大肝病

一、概述

淀粉样变性病又名"鸭大肝病""鸭水裆病",是一种不明病因的慢性疾病。常因淀粉样物质在内脏器官中广泛沉着而引起鸭发病死亡,多见于产蛋母鸭,发病率通常为5%~10%,已经成为影响蛋鸭生产性能的重要疾病之一。

二、临床症状

本病多见于成年产蛋母鸭,而公鸭则罕见。

病鸭精神沉郁,喜卧,不愿活动、下水或行动缓慢。

少数病鸭腿部肿胀,跛行,腹部膨大、下坠,触诊有波动感,呈企鹅样站立,有时也可触及质地较硬且肿大的肝脏。

三、病理变化

腹腔内充满透明浅黄色或血样腹水,腹水较多时,心脏体积增大,心壁变软,心肌柔软、松弛。

肝脏肿大1~3倍,呈灰黄色、棕黄色或黄绿色,质地较硬、切面致密,呈地图样或斑驳状,肝被膜增厚呈灰白色,纤维素性渗出物覆盖,俗称肝周炎。

脾脏正常或肿大,质脆易碎。

输卵管萎缩、充血、出血,卵泡充血、出血、变色、变性或表面被纤维素性渗出物覆盖或结缔组织包裹,卵泡破裂掉入腹腔后形成卵黄性腹膜炎。

四、防治

本病治疗无任何意义,并且无有效治疗药物。

加强饲养管理,调整饲养密度,搞好鸭舍环境卫生,经常消毒,勤换饮水和垫料,保持食槽和饮水槽的清洁,饮水要用漂白粉做消毒处理,不要在污秽的水中放牧等措施可以降低发病率。

同时做好大肠杆菌病、传染性浆膜炎、病毒性肝炎等病,避免大量使用对肝脏有损害作用的药物;饲喂微生态制剂或葡萄糖氧化酶或低聚木糖等,并改善水质,杀灭水中有害微生物,减少污染等。

第二十二节　鸭光过敏症

一、概述

鸭光过敏症是因鸭采食含有某些光过敏物质（如莴苣、油菜、荞麦、苕子草等）的饲料，在阳光照射后发生的一种植物毒素中毒症，而采食过量的喹乙醇或乙酰甲喹或喹诺酮类药也可诱发本病。本病以病鸭上喙、脚蹼变形及角化层脱落为特征。

二、临床症状

病鸭精神委顿，采食量减少或不吃不喝，眼闭嗜睡，肿眼肿头，眼光红，站立不稳，强行驱赶时打晃，惊叫不安，呼吸加快，常窒息而死。

病鸭上喙角质层有出血斑点或角质下层水肿，形成黄豆至蚕豆大小的水疱，水疱逐渐扩大、破溃，痂皮脱落，露出红色的角化层下层。病程进一步发展时，上喙变短，有的边缘向上翻卷。

部分病鸭脚蹼有水疱，破溃，脚蹼变形，行走困难，眼结膜炎，流泪，流涕，消瘦。

三、病理变化

腺胃、胰腺及肠道有出血点，胸腔、腹腔及心包积水，皮下出血，胃内残留富含光敏物质的菜类。

四、防治

本病无特效治疗药，仅靠预防。

加强饲养管理，禁止饲喂灰菜、苜蓿、燕麦、红三叶、苕子等含感光物质的饲料。

禁止过量使用喹乙醇、乙酰甲喹及喹诺酮类药。

鸭群避免在强光下长时间照射，饲料中常添加多种维生素尤其是维生素C，具有一定的预防效果。

病鸭立即转移到阴暗处，投喂适量葡萄糖、维生素C，并补充足量的维生素A、维生素D和维生素E。

第四章 普通病

上喙角质层有出血斑点

上喙角质层有出血斑点或角质下层水肿，形成黄豆至蚕豆大小的水疱，水疱逐渐扩大、破溃，痂皮脱落，露出红色的角化层下层。病程进一步发展时，上喙变短，有的边缘向上翻卷

脚蹼水疱 破溃后形成溃疡，脚蹼变形

关节及脚蹼肿胀、变形

第五章

抗微生物药

第一节　抗　生　素

一、青霉素类

1. 注射用青霉素钠
【适应证】用于革兰氏阳性菌感染，亦用于放线菌及钩端螺旋体等的感染。如家禽链球菌病、葡萄球菌病、螺旋体病、禽霍乱、霉形体病。

【用法与用量】肌内注射：一次量，禽 5 万 IU/ 只，每天 2~3 次，连用 2~3d。

2. 氨苄西林
【适应证】主要用于氨苄西林敏感的革兰氏阳性菌和革兰氏阴性菌感染，如禽白痢、伤寒、霍乱、支气管炎、输卵管炎、大肠杆菌病等。

【用法与用量】

混饮：禽 50~100mg/L 水，连用 3~5d。

内服：一次量，鸡 20~50mg/kg 体重，每天 1~2 次。

皮下或静脉注射：一次量，鸡 10mg/kg 体重，每天 3 次。

3. 阿莫西林
【适应证】用于敏感菌所致的呼吸道、消化道、泌尿道及软组织等全身感染，对肺部细菌感染有较好疗效，如治疗禽伤寒、霍乱、鸡白痢、肺炎、支气管炎、输卵管炎、大肠杆菌病等。

【用法与用量】

混饮：禽 50~100mg/L 水，连用 3~5d。

内服：一次量，鸡 20~30mg/kg 体重，每天 2 次，连用 5d。

肌内注射：鸡 15~25mg/kg 体重，每天 2 次。

4. 美西林
【适应证】用于大肠杆菌、肠杆菌属及克雷伯菌属等敏感菌所致的急慢性单纯和复杂性尿路感染，以及由此引起的败血症。与其他青霉素或头孢菌素联用可起协同作用，联合治疗阴性杆菌所致的败血症、脑膜炎、心内膜炎、骨髓炎、下呼吸道感染、腹腔感染及皮肤感染等。

【用法与用量】静脉注射或深部肌内注射：一日量，鸡 0.11g/kg 体重，分 2 次应用。

二、头孢菌素类

1. 头孢噻吩钠

【适应证】主要用于金黄色葡萄球菌及部分革兰氏阴性杆菌（如大肠杆菌、沙门杆菌、巴氏杆菌等）引起的严重感染，如肺部感染、尿路感染、败血症、脑膜炎、腹膜炎及心内膜炎等。

【用法与用量】肌内注射：一次量，禽10mg/kg体重，每天4次。

2. 头孢氨苄

【适应证】主要用于金黄色葡萄球菌、溶血性链球菌、肺炎球菌、大肠杆菌、肺炎杆菌、奇异变形杆菌、流感嗜血杆菌等敏感菌所致的呼吸道、泌尿道、皮肤和软组织、生殖器官等部位的感染。

【用法与用量】内服：一次量，禽35~50mg/kg体重，每天4次。

3. 头孢克洛

【适应证】主要用于金黄色葡萄球菌、溶血性链球菌、肺炎球菌、大肠杆菌、肺炎杆菌、奇异变形杆菌、流感嗜血杆菌等敏感菌所致的呼吸道、泌尿道、皮肤和软组织、生殖器官等部位的感染。

【用法与用量】

内服：一次量，鸡10~20mg/kg体重，每天2次。

混饮：禽100~200mg/L水，全天饮用。

4. 头孢孟多

【适应证】用于大肠杆菌、奇异变形杆菌、流感嗜血杆菌、沙门杆菌、金黄色葡萄球菌及大部分厌氧菌及消化道球菌等敏感菌所致的呼吸道感染、泌尿道感染、腹膜炎、败血症、皮肤软组织感染等。

【用法与用量】肌内注射：一次量，禽 40~50mg/kg 体重，每天 2~3 次。

5. 头孢噻肟钠

【适应证】用于耐青霉素、头孢菌素、氨基糖苷类抗生素的革兰氏阳性和阴性需氧菌及厌氧菌如大肠杆菌、沙门杆菌、肠杆菌属、奇异变形杆菌和流感杆菌等敏感菌所致的呼吸道感染、尿路感染、胃肠道感染、脑膜炎、败血症、软组织感染、骨科感染及生殖系统感染，如禽的慢性呼吸道病、大肠杆菌病、沙门杆菌病等。

【用法与用量】参考头孢噻呋。

6. 头孢噻呋

【适应证】用于巴氏杆菌、放线杆菌、嗜血杆菌、沙门杆菌、大肠杆菌、链球菌、葡萄球菌、链球菌等敏感菌引起的感染，用于防治雏鸡细菌病，如大肠杆菌病、沙门杆菌病等。

【用法与用量】肌内注射或颈部皮下注射：1日龄雏鸡，每只0.1mg。

7. 头孢喹诺

【适应证】用于溶血性或多杀性巴氏杆菌、沙门杆菌、大肠杆菌、链球菌、葡萄球菌等敏感菌引起的感染，多用于防治雏鸡细菌病，如大肠杆菌病、沙门杆菌病。

【用法与用量】肌内注射：禽 2.6mg/kg 体重，连用 2~3 次。

三、β-内酰胺酶抑制剂

1. 舒巴坦

【适应证】常与青霉素类及头孢菌素类联用治疗产 β-内酰胺酶的耐药菌株所致的动物呼吸道、胆道、泌尿道、皮肤软组织、骨和关节等部位感染以及败血症等。

【用法与用量】

内服：一次量，禽 5~20mg/kg 体重，每天 1~2 次。

混饮：50~100mg/L 水。

混饲：每 1 000g 饲料 100mg，连用 3~5d。

2. 克拉维酸钾

【适应证】本品单独应用无效。常与青霉素类药物联用于敏感菌所致的动物呼吸道和泌尿道感染。对伤寒、副伤寒等治疗有较好疗效。

【用法与用量】参考舒巴坦。

3. 他唑巴坦

适应证、用法与用量参考舒巴坦。

四、氨基糖苷类

1. 链霉素

【适应证】用于结核杆菌及革兰氏阴性菌如大肠杆菌、沙门杆菌、巴氏杆菌、志贺痢疾杆菌、布氏杆菌、肺炎杆菌、痢疾杆菌、产气杆菌、鼻疽杆菌等敏感菌引起的感染，如大肠杆菌病、禽霍乱等。

【用法与用量】肌内注射：一次量，成年家禽 100~200mg/只，雏鸡、仔鸡 20~50mg/只，每天 2 次。

2. 庆大霉素

【适应证】主要用于金黄色葡萄球菌、绿脓杆菌、大肠杆菌、肺炎杆菌、沙门杆菌、变形杆菌和其他敏感菌所引起的动物败血症、呼吸道感染、肠道感染、胆道感染、化脓性腹膜炎、颅内感染、尿路感染等。

【用法与用量】

混饮：禽 50~100mg/L 水。

肌内注射或静脉注射：一次量，禽 3mg/kg 体重，每天 3 次。

3. 卡那霉素

【适应证】用于多数革兰氏阴性菌如大肠杆菌、沙门杆菌、肺炎杆菌、变形杆菌、巴氏杆菌和部分耐药金黄色葡萄球菌所引起的动物败血症及呼吸道、泌尿道感染等。内服用于肠道感染如鸡白痢、禽伤寒、副伤寒、禽霍乱、禽大肠杆菌病、葡萄球菌病等。

【用法与用量】

混饲：每 1 000kg 饲料，禽 150~250g。

混饮：禽 50~100mg/L 水。

内服：一次量，禽 20~40mg/kg 体重，每天 3 次。

肌内注射：一次量，鸡、鸽 10~30mg/kg 体重，鸭 20~40mg/kg 体重，每天 2 次。

4. 新霉素

【适应证】内服用于治疗革兰氏阴性菌如痢疾杆菌、大肠杆菌、变形杆菌、沙门杆菌、变形杆菌、产气杆菌、巴氏杆菌等敏感菌所致的胃肠道感染。

【用法与用量】

混饲：每 1 000kg 饲料，鸡 77~154g。

混饮：鸡 50~75mg/L 水，连用 3~5d。

5. 阿米卡星

【适应证】主要用于大肠杆菌、沙门杆菌、巴氏杆菌、绿脓杆菌、变形杆菌、金黄色葡萄球菌及对其他氨基糖苷类抗生素耐药菌株和其他敏感菌所致的败血症、呼吸道感染、胆道感染和腹膜炎等。

【用法与用量】肌内或静脉注射：一次量，鸡、鸽 10~30mg/kg 体重，鸭 20~40mg/kg 体重，每天 2 次。

6. 妥布霉素

【适应证】主要单用或与其他抗生素联用治疗革兰氏阳性菌和阴性菌等敏感菌所致的败血症及呼吸道、泌尿道、胆囊胆道及皮肤软组织感染等。

【用法与用量】肌内注射：一次量，禽 3~5mg/kg 体重（3 000~5 000IU），每天 1 次。

7. 大观霉素

【适应证】用于支原体感染及革兰氏阴性菌、阳性菌如葡萄球菌、链球菌、大肠杆菌、沙门杆菌、巴氏杆菌等敏感菌引起的感染，如禽大肠杆菌病、沙门杆菌病、禽霍乱、支原体病、传染性滑液囊炎等。

【用法与用量】

混饮：鸡 0.5~1g/L 水，连用 3~5d。

内服：一次量，雏鸡 (1~3 日龄)5mg/ 只，育成鸡 20~80mg/ 只，成年鸡 100mg/ 只。

肌内注射：一次量，禽 30mg/kg 体重，每天 1 次。

8. 核糖霉素

【适应证】主要用于敏感菌所致的动物呼吸道、泌尿道、皮肤及软组织、眼、耳、鼻部感染及禽的大肠杆菌、沙门杆菌、巴氏杆菌、嗜血杆菌与支原体感染。

【用法与用量】

混饮：禽 25~50mg/L 水，连饮 2~5d；治疗鸡支原体病和传染性滑液囊炎 100~200mg/L 水，连饮 3~4d。

肌内注射：一次量，雏禽 5mg/kg 体重，成年禽 10~20mg/kg 体重，每天 1 次。

9. 小诺米星

【适应证】主要用于敏感菌所致的动物败血症、腹膜炎、呼吸道、肠道、泌尿道感染和外伤感染(包括对其他氨基糖苷类抗生素耐药菌感染)等，如大肠杆菌、伤寒沙门杆菌、变形杆菌、绿脓杆菌、金黄色葡萄球菌等引起的感染。

【用法与用量】肌内注射：一次量，禽 2~4mg/kg 体重，每天 2 次。

10. 安普霉素

【适应证】用于革兰氏阴性菌如大肠杆菌、沙门杆菌、变形杆菌、巴氏杆菌及葡萄球菌和支原体引起的感染，如禽大肠杆菌病、沙门杆菌病及支原体病。

【用法与用量】混饮：鸡 0.25~0.5g/L 水 (以安普霉素计)，连用 5d。

11. 硫酸庆大小诺霉素

【适应证】参考庆大霉素。

【用法与用量】肌内注射：一次量，禽 2~4mg/kg 体重，每天 2 次。

12. 盐酸大观霉素盐酸林可霉素可溶性粉

【适应证】用于革兰氏阴性菌、革兰氏阳性菌及支原体感染。仅用于 5~7 日龄雏鸡。

【用法与用量】混饮：以本品计，禽 0.5~0.8g/L 水，连用 3~5d。

【规格】

5g：大观霉素 2g（200 万 IU）与林可霉素 1g（以林可霉素计）。

50g：大观霉素 20g（2 000 万 IU）与林可霉素 10g（以林可霉素计）。

100g：大观霉素 40g（4 000 万 IU）与林可霉素 20g（以林可霉素计）。

五、四环素类

1. 四环素
【适应证】用于治疗某些革兰氏阴性菌、阳性菌及支原体引起的感染,如禽大肠杆菌病、沙门杆菌病、禽霍乱、慢性呼吸道病等。

【用法与用量】

混饮:禽 100~400mg/L 水。

内服:一次量,禽 50mg/kg 体重,每天 2~3 次。

静脉注射:一次量,禽 2.5~5mg/kg 体重,每天 2 次。

2. 土霉素
【适应证】用于治疗肠道多种病原菌感染,如鸡白痢、大肠杆菌病、禽霍乱等。

【用法与用量】

混饮:禽 100~400mg/L 水。

内服:一次量,禽 50mg/kg 体重,每天 2~3 次,连用 3~5d。

静脉注射或肌内注射:一次量,鸡 25mg/kg 体重,每天 2 次。

3. 金霉素
【适应证】多用作饲料添加剂预防疾病,低剂量、中剂量可促进生长或提高饲料报酬,高剂量治疗疾病,如鸡慢性呼吸道病、大肠杆菌病、火鸡传染性鼻窦炎、滑膜炎、禽霍乱等。

【用法与用量】混饲:每 1 000kg 饲料,低剂量,鸡 10~50g;中剂量,鸡 50~100g;高剂量,禽 100~200g,鹦鹉、鸽 200g。

4. 多西环素
【适应证】用于治疗禽类的慢性呼吸道病、大肠杆菌病、沙门杆菌病和鹦鹉热等,对禽的细菌与支原体混合感染亦有较好疗效。

【用法与用量】

混饲:每 1 000kg 饲料,禽 100~200g。

混饮:禽 50~100mg/L 水。

内服:一次量,禽 10~20mg/kg 体重,每天 1 次,连用 3~5d。

肌内注射:一次量,禽 10mg/kg 体重,每天 1 次。

5. 米诺环素
【适应证】主要用于治疗革兰氏阳性菌、阴性菌、需氧菌和厌氧菌及支原体、衣原体和螺旋体等敏感菌引起的尿路感染、胃肠道感染、产科疾病、眼及耳鼻咽喉感染、骨髓炎等,有很强的抗菌作用。

【用法与用量】

混饲：每 1 000kg 饲料，禽 100~200g。

混饮：禽 50~100mg/L 水。

内服：一次量，禽 10~20mg/kg 体重，每天 1 次。

六、大环内酯类

1. 红霉素

【适应证】主要用于治疗耐药金黄色葡萄球菌感染，也可用于多杀性巴氏杆菌、肺炎球菌、链球菌、炭疽杆菌、支原体等感染所致的疾病。

【用法与用量】

混饮：禽 100mg/L 水，连用 3~5d。

静脉注射(乳糖酸盐)：一次量，禽 20mg/kg 体重，每天 2 次。

肌内注射(硫氰酸盐)：一次量，禽 20~30mg/kg 体重，每天 2 次。

2. 硫氰酸红霉素

【适应证】用于治疗革兰氏阳性菌和支原体引起的感染性疾病。

【用法与用量】混饮：鸡 0.125g/L 水，连用 3~5d。

3. 琥乙红霉素

【适应证】用于敏感菌所致的动物呼吸道感染及禽的支原体病等。

【用法与用量】

混饮：禽 25mg/L 水，连用 3~5d。

肌内注射：一次量，禽 5~8mg/kg 体重，每天 2 次。

4. 竹桃霉素

【适应证】主要用于治疗葡萄球菌病、链球菌病及支原体病。

【用法与用量】混饲：每 1 000kg 饲料，雏鸡 1~5g，可连续饲喂。

5. 泰乐菌素

【适应证】用于治疗支原体、革兰氏阳性菌所致的感染，如禽支原体病、坏死性肠炎等。

【用法与用量】

混饮：禽 500mg/L 水(以泰乐菌素计)，连用 3~5d。

混饲：每 1 000kg 饲料，鸡 300~600g(以磷酸泰乐菌素计)。

皮下或肌内注射：一次量，以酒石酸泰乐菌素计，禽 5~13mg/kg 体重，每天 2 次，连用 5d。

6. 替米考星

【适应证】用于敏感菌引起的感染，治疗禽慢性呼吸道病、禽霍乱等。

【用法与用量】混饮：鸡 100~200mg/L 水，连用 5d。

7. 吉他霉素

【适应证】主要用于防治禽类支原体及革兰氏阳性菌（包括耐药金黄色葡萄球菌、链球菌）等感染，如禽慢性呼吸道病、各种肠炎等。

【用法与用量】

混饮：禽 250~500mg/L 水，连用 3~5d。

混饲：每 1 000kg 饲料，100~300g，连用 5~7d。

内服：一次量，禽 25~50mg/kg 体重，每天 2 次。

肌内注射或皮下注射：一次量，鸡 25~50mg/kg 体重，每天 1 次。

8. 螺旋霉素

【适应证】治疗禽呼吸道感染及各种肠炎等，如慢性呼吸道病。

【用法与用量】

混饮：禽 400mg/L 水，连用 3d，预防剂量减半。

皮下或肌内注射：一次量，禽 25~50mg/kg 体重，每天 1 次。

内服：一次量，禽 50~100mg/kg 体重，每天 1 次。

9. 酒石酸泰万菌素

【适应证】用于治疗禽支原体及其他敏感菌感染。

【用法与用量】

混饮：鸡 200mg/L 水，连用 3~5d。

混饲：每 1 000kg 饲料，鸡 100~300g，连用 3~5d。

10. 泰拉霉素

【适应证】治疗禽支原体、巴氏杆菌及其他敏感菌感染，如慢性呼吸道病、禽霍乱。

【用法与用量】参考泰乐菌素。

七、林可胺类

1. 林可霉素

【适应证】主要用于治疗革兰氏阳性菌特别是耐青霉素、红霉素的革兰氏阳性菌所引起的各种感染，支原体引起的家禽慢性呼吸道病，厌氧菌感染如鸡的坏死性肠炎等。

【用法与用量】

混饲：每 1 000kg 饲料，禽 22~44g（效价），连用 1~3 周。

混饮：鸡 20~40mg/L 水。

内服：一次量，鸡 15~30mg/kg 体重，每天 3 次。

肌内或静脉注射：一日量，禽 20~40mg/kg 体重，分 2 次注射。

2. 盐酸林可霉素硫酸大观霉素可溶性粉

【适应证】用于防治鸡沙门杆菌病、大肠杆菌性肠炎、支原体引起的家禽慢性呼吸道病等。

【用法与用量】混饮：鸡，1~4周龄150mg/L水；4周龄以上75mg/L水。

【规格】

30g：林可霉素6.7g（670万IU）与大观霉素13.3g（1 330万IU）。

150g：林可霉素33.3g（3 330万IU）与大观霉素66.7g（6 670万IU）。

3. 克林霉素

【适应证】参考林可霉素。本品不能透过血脑屏障，不能用于脑膜炎。

【用法与用量】肌内或静脉注射：一日量，禽20~40mg/kg体重，分2次注射。

八、多肽类

1. 黏菌素

【适应证】用于防治鸡大肠杆菌、沙门杆菌等革兰氏阴性菌引起的肠道感染，也用于绿脓杆菌感染。

【用法与用量】以黏菌素计。

混饮：鸡20~60mg/L水。

混饲：每1 000kg饲料，鸡2~20g。

2. 杆菌肽

【适应证】与多黏菌素配伍，防治细菌性肠道感染。

【用法与用量】

混饮：50~100mg/L水，连用5~7d。

混饲：每1 000kg饲料，雏鸡4~40g。

3. 维吉尼霉素

【适应证】用于防治鸡白痢、坏死性肠炎。

【用法与用量】以维吉尼霉素计。混饲，每1 000kg饲料，鸡5~20g。

九、酰胺醇类

1. 甲砜霉素

【适应证】用于治疗肠道、呼吸道等细菌性感染，如禽大肠杆菌病、沙门杆菌病、禽支原体病、禽霍乱、鸭传染性浆膜炎等。

【用法与用量】

混饲：每1 000kg饲料，禽200~300g。

内服、静脉注射、肌内注射：一次量，禽 20~30mg/kg 体重，每天 2 次。

2. 氟苯尼考

【适应证】用于治疗禽敏感菌所致的感染，如禽大肠杆菌病、沙门杆菌病、禽支原体病、禽霍乱、鸭传染性浆膜炎等。

【用法与用量】

混饮：鸡 100mg/L 水，连用 3~5d。

内服：一次量，禽 20~30mg/kg 体重，每天 2 次，连用 3~5d。

肌内注射：一次量，禽 15~20mg/kg 体重，每隔 48h 一次，连用 2 次。

十、其他类

1. 延胡索酸泰妙菌素

【适应证】用于防治鸡的慢性呼吸道病、葡萄球菌病、链球菌病等。

【用法与用量】

混饲：每 1 000kg 饲料，鸡 400g，连用 3~5d。

混饮：鸡 125~250mg/L 水，连用 3d（以泰妙菌素计）。

2. 沃尼妙林

【适应证】用于防治禽的细菌性肠道病和呼吸道病，如慢性呼吸道病等。

【用法与用量】混饲：每 1 000kg 饲料，鸡 200~500g。

第二节 合成抗菌药

一、磺胺类

1. 磺胺嘧啶

【适应证】临床常与抗菌增效剂 5∶1 配伍，用于治疗敏感菌引起的脑部、呼吸道及消化道感染，如链球菌病、葡萄球菌病、禽霍乱、大肠杆菌病、伤寒、副伤寒和球虫感染等。

【用法与用量】

混饮：禽 1 000mg/L 水。

混饲：每 1 000kg 饲料，禽 2 000g。

内服：一次量，禽 0.07~0.14g/kg 体重。

2. 磺胺噻唑

【适应证】用于治疗敏感菌所致的肺炎、出血性败血症、子宫内膜炎及禽霍乱、雏白痢等。

【用法与用量】

混饲：每 1 000kg 饲料，磺胺噻唑 250g、磺胺二甲氧嘧啶 250g，连用 3d。

3. 磺胺甲噁唑

【适应证】主要用于治疗敏感菌引起的呼吸道、泌尿道和消化道感染，亦可用于球虫病等。

【用法与用量】

混饮：禽 600~800mg/L 水。

混饲：每 1 000kg 饲料，禽 1 000~2 000g。

4. 磺胺二甲嘧啶

【适应证】用于治疗敏感菌所引起的各种感染如巴氏杆菌病、葡萄球菌病、链球菌病、呼吸道感染、鸡白痢、住白细胞原虫病及球虫病等。

【用法与用量】

混饲：每 1 000kg 饲料，禽 2 000g。

内服：一次量，禽 0.07~0.14g/kg 体重。

5. 磺胺间甲氧嘧啶

【适应证】用于治疗革兰氏阴性菌、阳性菌、厌氧菌等敏感菌所引起的各种感染，如肺炎、菌痢、肠炎及泌尿道感染，如球虫病、沙门杆菌病、鸡住白细胞原虫病等。

【用法与用量】

混饮：禽 250~1 000mg/L 水。

混饲：每 1 000kg 饲料，禽 1 000~2 000g，预防减半。

内服：一次量，禽 0.05~0.1g/kg 体重，每天 1~2 次。

6. 磺胺对甲氧嘧啶

【适应证】用于敏感菌引起的泌尿道、呼吸道及皮肤软组织等感染，也用于肠道细菌性感染和球虫病等。

【用法与用量】

混饮：禽 250~1 000mg/L 水。

混饲：每 1 000kg 饲料，禽 1 000~2 000g，预防减半。

内服：一次量，禽 0.05~0.1g/kg 体重，每天 1~2 次。

7. 磺胺邻二甲氧嘧啶

【适应证】本品为长效磺胺，主要用于防治禽霍乱、传染性鼻炎、球虫病、鸡卡氏住白细胞原虫病，也可用于治疗其他敏感菌所引起的呼吸道、泌尿道感染及菌痢等。

【用法与用量】

混饮：禽 250~500mg/L 水。

混饲：每 1 000kg 饲料，禽 500~1 000g。

内服：一次量，禽首次量 0.05~0.1g/kg 体重，维持量 0.025~0.5g/kg 体重，每天 1 次。

8. 磺胺氯哒嗪钠

【适应证】主要用于治疗鸡大肠杆菌和巴氏杆菌感染等。

【用法与用量】

内服：一次量，首次量 50~100mg/kg 体重，维持量 25~50mg/kg 体重，每天 1~2 次，连用 3~5d。

混饮：禽 300mg/L 水。

9. 磺胺甲氧达嗪

【适应证】用于链球菌、葡萄球菌、肺炎球菌、大肠杆菌、李氏杆菌等敏感菌感染。

【用法与用量】

内服：一次量，首次量 50~100mg/kg 体重，维持量 25~50mg/kg 体重，每天 2 次，连用 3~5d。

10. 磺胺脒

【适应证】适用于肠炎、下痢等肠道细菌性感染。

【用法与用量】

混饲：每 1 000kg 饲料，禽 2 000~4 000g。

内服：禽首次量 0.2g/kg 体重，维持量 0.1g/kg 体重，每天 2~3 次。

11. 甲氧苄啶

【适应证】常以 1∶5 与磺胺药配伍，其复方制剂主要用于治疗家禽大肠杆菌性败血症、鸡白痢、禽伤寒、禽霍乱及呼吸道继发细菌感染。

【用法与用量】

混饮：禽 120~200mg/L 水。

混饲：按本药和磺胺药二者总量计，每 1 000kg 饲料，家禽 200~400g。

内服：一次量，家禽 0.02g/kg 体重，每天 2 次。

12. 二甲氧苄啶

【适应证】主要用于防治鸡球虫病、鸡白痢、禽霍乱等。多与磺胺药（如磺胺喹噁啉、磺胺甲噁唑、磺胺间甲氧嘧啶、磺胺对甲氧嘧啶等）1∶5 配合应用。

【用法与用量】

混饲：每 1 000kg 饲料，禽 200g。

内服：一次量，禽 10mg/kg 体重。

二、喹诺酮类药物

1. 诺氟沙星

【适应证】用于治疗禽的细菌性疾病和支原体感染，如大肠杆菌病、沙门杆菌病等。

【用法与用量】

混饮：禽 50~100mg/L 水，每天 2 次，连用 3~5d。

混饲：每 1 000kg 饲料，禽 100~200g。

内服：一次量，禽 10mg/kg 体重，每天 2 次。

肌内注射：一次量，禽 5mg/kg 体重，每天 2 次。

2. 环丙沙星

【适应证】用于治疗禽的细菌性疾病和支原体感染。

【用法与用量】

混饮：禽 40~80mg/L 水，每天 2 次，连用 3~5d。

内服：一次量，禽 50~100mg/kg 体重，每天 2 次。

肌内注射：一次量，禽 5~10mg/kg 体重，每天 2 次。

3. 恩诺沙星

【适应证】用于治疗禽的细菌性疾病和支原体感染，如传染性鼻炎、支原体感染、鸡白痢等。

【用法与用量】

混饮：禽 50~75mg/L 水，每天 2 次，连用 3~5d。

混饲：每 1 000kg 饲料，禽 100g。

肌内注射：一次量，禽 2.5~5mg/kg 体重，每天 2 次，连用 3d。

4. 氧氟沙星

【适应证】主要用于治疗敏感菌所致的急慢性呼吸道、泌尿道、胆道、肠道、皮肤软组织感染及家禽的各种霉形体感染等。

【用法与用量】

混饮：禽 50~100mg/L 水，每天 2 次，连用 3~5d。

肌内注射：一次量，禽 2.5~5mg/kg 体重，每天 2 次。

5. 培氟沙星

【适应证】主要用于治疗敏感菌和支原体所引起的各种感染，尤其是肠道感染。

【用法与用量】

混饮：禽 50~100mg/L 水，每天 2 次，连用 3~5d。

内服：一次量，禽 10mg/kg 体重，每天 2 次。

肌内注射：一次量，禽 2.5~5mg/kg 体重，每天 2 次。

6. 洛美沙星

【适应证】主要用于治疗急慢性呼吸道感染、肠道感染、霍乱、大肠杆菌病、鸡白痢、伤寒、副伤寒、细菌性痢疾等。

【用法与用量】

混饮：禽 50~100mg/L 水，连用 3~5d。

肌内注射：一次量，禽 5~10mg/kg 体重，每天 1~2 次。

7. 单诺沙星

【适应证】主要用于治疗禽大肠杆菌病、巴氏杆菌病、败血霉形体病等。

【用法与用量】混饮，禽 25~50mg/L 水，连用 3~5d。

8. 沙拉沙星

【适应证】用于治疗细菌性疾病与支原体病，如大肠杆菌病、沙门杆菌病、禽霍乱、支原体病和葡萄球菌病感染等。

【用法与用量】

混饮：禽 25~50mg/L 水，连用 3~5d。

肌内注射：一次量，禽 2.5~5mg/kg 体重，每天 2 次。

9. 左氟沙星

【适应证】用于治疗细菌性疾病与支原体病，如大肠杆菌病、沙门杆菌病、传染性鼻炎、鸡奇异变形杆菌病、葡萄球菌病、传染性浆膜炎、禽霍乱、慢性呼吸道病等。

【用法与用量】

混饮：禽 12.5~25mg/L 水，每天 2 次，连用 3~5d。

混饲：每 1 000kg 饲料，禽 25~50g，连用 3~5d。

10. 盐酸二氟沙星

【适应证】用于治疗鸡细菌性疾病与支原体感染，如鸡的慢性呼吸道病、禽霍乱等。

【用法与用量】

混饮：鸡 10mg/kg 体重，每天 2 次，连用 3~5d。

内服：一次量，鸡 5~10mg/kg 体重，每天 2 次。

11. 氟甲喹

【适应证】主要用于治疗革兰氏阴性菌所引起的消化道和呼吸道感染。

【用法与用量】

混饮：鸡 3~6mg/L 水，每天 2 次，连用 3~5d。

内服：一次量，鸡 3~6mg/kg 体重，每天 2 次，连用 3~5d。

12. 甲磺酸达氟沙星

【适应证】用于鸡敏感菌与支原体所致的各种感染性疾病。

【用法与用量】

混饮：鸡 25~50mg/L 水，每天 1 次，连用 3~5d。

内服：鸡 2.5~5mg/kg 体重，每天 1 次，连用 3d。

三、其他化学合成抗菌药

1. 乙酰甲喹

【适应证】主要用于治疗禽霍乱、禽大肠杆菌病和沙门杆菌病等引起的肠炎。

【用法与用量】

混饮：鸡 50~100mg/L 水。

内服：一次量，鸡 5~10mg/kg 体重，每天 2 次，连用 3d。

肌内注射：一次量，禽 5mg/kg 体重，每天 2 次。

2. 喹乙醇

【适应证】用于治疗敏感菌引起的感染，如禽霍乱、大肠杆菌病等。

【用法与用量】

内服：20~30mg/kg 体重，每天 1 次，连用 3~4d。

混饲：每 1 000kg 饲料，30g。

3. 甲硝唑

【适应证】主要用于治疗阿米巴痢疾、滴虫病、鞭毛虫病、小袋虫病等原虫感染及腹腔脓肿、腹膜炎、脓胸、生殖道感染、关节炎、脑膜炎及坏死组织中的厌氧菌感染。

【用法与用量】

混饮：禽 250~500mg/L 水，连用 7d。

静脉注射：一次量，鸡 20mg/kg 体重，每天 1 次，连用 3d。

4. 地美硝唑

【适应证】用于防治禽类的组织滴虫病。

【用法与用量】混饲：每 1 000kg 饲料，500g。

5. 洛克沙肿

【适应证】用于预防鸡球虫病。

【用法与用量】混饲：每 1 000kg 饲料，鸡 50g。

6. 氨苯胂酸

【适应证】用于预防鸡球虫病。

【用法与用量】混饲：每 1 000kg 饲料，鸡 100g。

7. 乌洛托品

【适应证】用于磺胺类、抗生素疗效不好的尿路感染，促进尿酸排出。

【用法与用量】混饮：鸡 0.5~1g/L 水，连用 3~5d。